아이앤아이

영재교육원 대비 꾸러미 120제

정답 및 해설

예시 답안 수학 초6~중등

무한상상

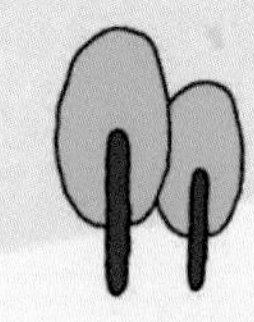

영재교육원 대비 꾸러미 120제

정답 및 해설

예시 답안

수학 초6~중등

▶ 나의 문제 해결방법이 맞는지 체크하고 창의력 점수를 매겨보자.

무한상상

1 언어 / 추리 / 논리

· 총 10 문제입니다. 각 평가표에 있는 기준별로 배점을 했습니다. / 단원 말미에서 성취도 등급을 확인하세요.

문항 분석 및 평가표

—> 문항 분석 : 단어가 가지는 다중적인 의미를 이해하고 있는지 평가하는 문항이다. 또한 그와 관련된 타당한 문장의 예를 들 수 있어야 높은 점수를 받을 수 있으므로 예시 답안외에 다른 예들도 찾아보는 것이 중요하다.

—> 평가표 :

나머지 단어의 의미를 포함하는 한 단어를 찾은 경우	1점
각 단어로 만든 문장이 타당한 경우	각 1점

출제자 예시 답안

—> 나머지 단어의 의미를 모두 포괄할 수 있는 한 단어 : 쓰다

· 문장의 예

1. 물감을 이용하여(써서) 그림을 그렸다.
2. 이빨 치료에 많은 돈을 들였다(썼다).
3. 실패는 언제나 괴롭다(쓰다).
4. 머리에 모자를 덮으니(쓰니) 한결 따뜻했다.

문항 분석 및 평가표

—> 문항 분석 : 각 문장의 문맥을 파악해서 들어갈 수 있는 단어들을 찾아 그 안에서 모든 문장에 공통으로 들어갈 수 있는 단어를 골라내는 문항이다.

—> 평가표 :

정답 틀림	0점
정답 맞음	4점

정답 및 해설

—> 정답 : 놓다

—> 해설 : (1) 우리는 약속 시간 변경 문제를 놓고 한참을 다투었다.
(2) 무한이의 예의 없는 행동을 놓고 한참을 다투었다.
(3) 철로를 새로 놓는 문제로 온 동네가 시끄럽다.
(4) 동생의 연락을 받고서야 마음이 놓였다.
(5) 상상이는 양손 가득 들고 있던 짐을 바닥에 잠시 놓았다.

문항 분석 및 평가표

→ 문항 분석 : 확실한 정답이 정해져 있지 않은 열린 문항으로 학생의 창의성을 평가한다. 출제자 예시답안뿐만 아니라 <보기> 단어의 관계와 같은 관계를 갖는 단어 쌍은 정답으로 판단한다.

→ 평가표 :

찾은 타당한 단어의 쌍 0 개	0점
찾은 타당한 단어의 쌍 1 개	2점
찾은 타당한 단어의 쌍 2 개	3점
찾은 타당한 단어의 쌍 3 개	4점

정답 및 해설

→ 정답 :가) ⓐ 모래 – 돌 – 바위, ⓑ 모래 – 모래사장 – 사막 ⓒ 모래 – 황사 – 대기오염
나) ⓐ 글자 – 단어 – 문장, ⓑ 글자 – 문장 – 문단 ⓒ 글자 – 문단 – 책
다) ⓐ 나뭇잎 – 나무 – 숲, ⓑ 나뭇잎 – 낙엽더미 – 양분

→ 해설 : <보기> 에 주어진 단어들은 바로 앞 단어가 모여서 만들어지는 단어이다.
(1) 모래는 모이면 돌, 모래사장, 황사 등이 될 수 있고, 돌이 모이면 바위, 모래사장이 모이면 사막, 황사가 모이면 대기오염이 된다.
(2) 글자가 모여 단어, 문장, 문단을 이루며 단어는 문장을, 문장은 문단을, 문단을 책을 이룬다.
(3) 나뭇잎은 모이면 나무가 되고 나무는 모이면 숲이 된다. 또한 떨어진 나뭇잎들이 모이면 낙엽더미가 된다. 낙엽더미가 썩으면 새로운 양분이 되어 대지로 돌아간다.

문항 분석 및 평가표

→ 문항 분석 : 주어진 조건에 따라 논리에 맞게 당첨자를 찾아내는 문제이다. 조건을 정교하게 파악하고 분석해야 하므로 표를 만들어 푸는 방법이 효과적일 수 있다.

→ 평가표 :

정답 틀림	0점
정답 맞음	6점

정답 및 해설

→ 정답 : 명수

→ 해설 : 한 명씩 거짓말을 했다고 가정한 뒤, 주어진 두 가지 조건(당첨자 1명, 거짓말하는 사람 1명) 에 모순이 없는 지 판단한다. 표로 만들면 다음과 같으며 이 5 가지 경우 중 모순이 없는 경우는 ④ 하하가 거짓말을 할 경우이고, 이 경우 당첨자는 명수입니다.

	① 재석이가 거짓말을 할 경우	② 명수가 거짓말을 할 경우	③ 준하가 거짓말을 할 경우	④ 하하가 거짓말을 할 경우	⑤ 광희가 거짓말을 할 경우
재석 : 나는 당첨되지 않았어.	재석 : 나는 당첨됐어.	재석 : 나는 당첨되지 않았어.	재석 : 나는 당첨되지 않았어.	재석 : 나는 당첨되지 않았어.	재석 : 나는 당첨되지 않았어.
명수 : 재석이나 내가 당첨됐어.	명수 : 재석이나 내가 당첨됐어.	명수 : 재석이랑 나는 당첨되지 않았어.	명수 : 재석이나 내가 당첨됐어.	명수 : 재석이나 내가 당첨됐어.	명수 : 재석이나 내가 당첨됐어.
준하 : 하하는 당첨되지 않았어.	준하 : 하하는 당첨되지 않았어.	준하 : 하하는 당첨되지 않았어.	준하 : 하하는 당첨 됐어.	준하 : 하하는 당첨되지 않았어.	준하 : 하하는 당첨되지 않았어.
하하 : 당첨자는 준하나 광희야.	하하 : 당첨자는 준하나 광희야.	하하 : 당첨자는 준하나 광희야.	하하 : 당첨자는 준하나 광희야.	하하 : 준하랑 광희는 당첨되지 않았어.	하하 : 당첨자는 준하나 광희야.
광희 : 준하랑 나는 당첨되지 않았어.	광희 : 준하랑 나는 당첨되지 않았어.	광희 : 준하랑 나는 당첨되지 않았어.	광희 : 준하랑 나는 당첨되지 않았어.	광희 : 준하랑 나는 당첨되지 않았어.	광희 : 준하나 내가 당첨됐어.
	하하도 거짓말을 하고 있으므로 1 명만 거짓말을 한다는 조건에 어긋남.	광희도 거짓말을 하고 있으므로 1 명만 거짓말을 한다는 조건에 어긋남.	명수랑 하하도 거짓말을 하고 있으므로 1 명만 거짓말을 한다는 조건에 어긋남.	모든 말에 모순이 없으며 명수가 당첨자가 된다. (정답)	명수도 거짓말을 하고 있으므로 1 명만 거짓말을 한다는 조건에 어긋남.

분홍색 글씨는 각자가 한 거짓말을 다시 진실로 바꾼 내용이고, 파란색 글씨는 모순이 생기는 내용입니다. 모순이 생기지 않는 경우는 하하가 거짓말을 했다고 가정했을 경우이고 이 경우 명수가 당첨자가 됩니다.

문항 분석 및 평가표

⟶ 문항 분석 : 단어가 가지는 다중적인 의미를 이해하고 있는지 평가하는 문항이다. 또한 그와 관련된 타당한 문장의 예를 들 수 있어야 높은 점수를 받을 수 있으므로 예시 답안외에 다른 예들도 찾아보는 것이 중요하다.

⟶ 평가표 :

정답 틀림	0점
정답 맞음	5점

정답 및 해설

⟶ 정답 : A 마을 주민 : 무한이, 상상이, 영재

B 마을 주민 : 알탐이

⟶ 해설 : ① 무한이가 A마을에 산다고 가정 – 상상이와 알탐이는 다른 마을에 살고 있고 표로 나타내면 아래와 같다.

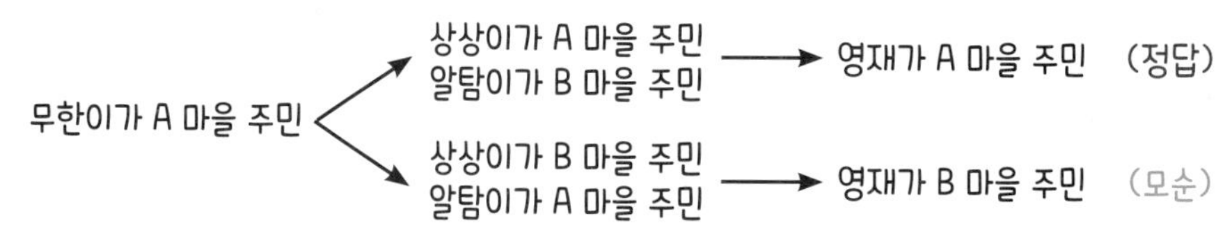

· 영재가 B 마을 주민이라면 항상 진실을 말해야 하는데 알탐이와 같은 마을에 살고 있다는 영재의 말이 거짓이 되므로 모순이 생깁니다.

② 무한이가 B 마을에 산다고 가정 – 상상이와 알탐이는 같은 마을에 살고 있고 표로 나타내면 아래와 같다.

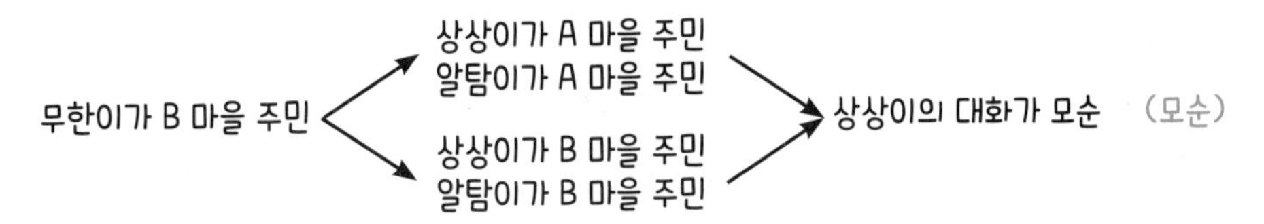

· 상상이가 A 마을에 살면 상상이의 말은 진실이 되므로 모순, 상상이가 B 마을에 살면 상상이의 말은 거짓이 되므로 모순이다. 따라서 무한이가 B 마을 주민이라고 가정하면 모순이다.

· 따라서 모든 경우를 따져봤을 때, 정답이 될 수 있는 경우는 무한이가 A 마을 주민으로 산다고 가정했을 때, 상상이가 A 마을 주민이고 알탐이가 B 마을 주민인 경우 뿐입니다.

문항 분석 및 평가표

⟶ 문항 분석 : 주어진 제시문을 읽고 문맥을 이해하여 문장의 앞, 뒤가 자연스럽게 이어지도록 알맞는 단어를 찾는 문항이다. 평소에 자주 사용하지 않는 단어도 나올 수 있는 문항이므로 어휘력에 대한 대비를 할 수 있어야 한다.

⟶ 평가표 :

찾은 타당한 단어의 쌍 0 개	0점
찾은 타당한 단어의 쌍 1 개	2점
찾은 타당한 단어의 쌍 2 개	4점
찾은 타당한 단어의 쌍 3 개	5점

정답 및 해설

⟶ 정답 : ㉠ 전무 ㉡ 예상 ㉢ 준비

⟶ 해설 : ㉠ 확실, 전무, 상이, 명백이 들어갈 수 있지만, 빈칸 뒤에 나오는 혹시 모를 사태에 대비해서라는 문장과의 문맥을 보았을 때 전무가 알맞음.

㉡ · 예상하다 : 이동 목표가 일정한 시간 후에 도달할 위치를 미리 상정하다.

· 진단하다 : 의사가 환자의 병, 상태를 판단하다.

㉢ 준비, 실행, 유도가 들어갈 수 있지만, 추후에 이루어질 실험에 대한 문맥이므로, 미리 마련하여 갖추다라는 뜻의 준비가 알맞음.

문항 분석 및 평가표

⟶ 문항 분석 : 주어진 조건에 따라 가능한 경우를 모두 체크해가며 그 중 상황, 조건과의 모순이 없는 경우를 찾는 문항이다. 이유에 대한 점수가 있으므로 평소에 풀이과정을 상세히 써서 푸는 연습이 필요하다.

⟶ 평가표 :

모자의 색깔 틀림	0점
모자의 색깔은 맞았으나 이유가 타당하지 않음	3점
모자의 색깔을 맞추고 이유가 타당함	6점

정답 및 해설

→ 정답 : 흰색

→ 해설 : 아래의 3 가지 경우로 나누어서 생각한다.

① 앞의 두 사람이 모두 검은색 모자를 쓰고 있는 경우

이름	무한	상상	알탐
쓰고 있는 모자의 색	●	●	?

· 검은 모자는 2 개 이므로 알탐이는 자기가 쓰고 있는 모자의 색이 흰색임을 알 수 있다.
하지만 알탐이는 모른다고 했으므로 이 경우는 주어진 상황에 맞지 않다. (모순)

② ⓐ 맨 앞의 사람은 흰색 모자, 가운데 사람은 검은색 모자를 쓰고 있는 경우

ⓑ 앞의 두 사람 모두 흰색 모자를 쓰고 있는 경우

이름	무한	상상	알탐
쓰고 있는 모자의 색	○	●	?
쓰고 있는 모자의 색	○	○	?

· 알탐이가 모른다고 답했으므로 앞의 두 사람은 다른 색의 모자를 쓰고 있거나 둘 다 흰 색 모자를 쓰고 있음을 알 수 있다.
하지만 무한이의 모자가 흰 색이면 위의 표처럼 상상이는 두 색 모두 쓰고 있을 경우가 있으므로 상상이는 "모르겠다" 라고 대답할 수 밖에 없고 이 경우 무한이가 쓰고 있는 모자의 색깔은 흰색이다. (정답)

③ 맨 앞의 사람은 검은색 모자, 가운데 사람은 흰색 모자를 쓰고 있는 경우

이름	무한	상상	알탐
쓰고 있는 모자의 색	●	○	?

· 알탐이가 모른다고 답했으므로 앞의 두 사람은 다른 색의 모자를 쓰고 있거나 둘 다 흰 색 모자를 쓰고 있음을 알 수 있다.
무한이의 모자가 검은 색이라면 상상이는 자기가 쓰고 있는 모자의 색이 흰색임을 알 수 있다. 하지만 상상이는 모른다고 했으므로 이 경우는 주어진 상황에 맞지 않다. (모순)

· 따라서 모든 경우를 따져봤을 때 무한이가 쓰고 있는 모자의 색은 흰색임을 알 수 있습니다.

문항 분석 및 평가표

→ 문항 분석 : 주어진 전제들로 항상 참인 결론을 끌어내는 삼단 논법 기법을 사용하는 문항이다. 벤다이어그램을 통한 시각적인 분석을 통해 쉽게 이러한 문항을 해결할 수 있다.

※벤다이어그램 : 포함 관계나 논리 관계를 도형으로 나타낸 것으로, 논리 관계를 이해하는데 편리하다.

→ 평가표 :

정답 틀림	0점
정답 맞음	5점

정답 및 해설

—> 정답 : ㅁ. 커피를 마시는 어떤 사람은 꿈을 꾸지 않는다.

—> 해설 : 아래와 같이 벤다이어그램을 통해서 해결할 수 있다.

· 전제 1 과 전제 2 는 아래 3 가지 벤다이어그램의 의미를 모두 포함한다.

A : 꿈을 꾸는 사람의 모임

B : 잠을 잘 자는 사람의 모임

C : 커피를 마시는 사람의 모임

①

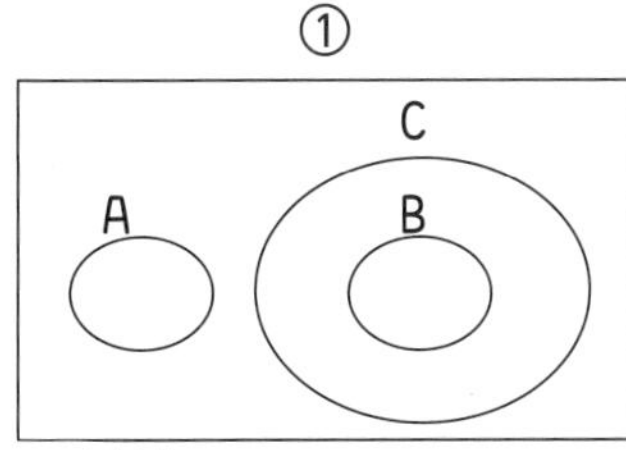

②

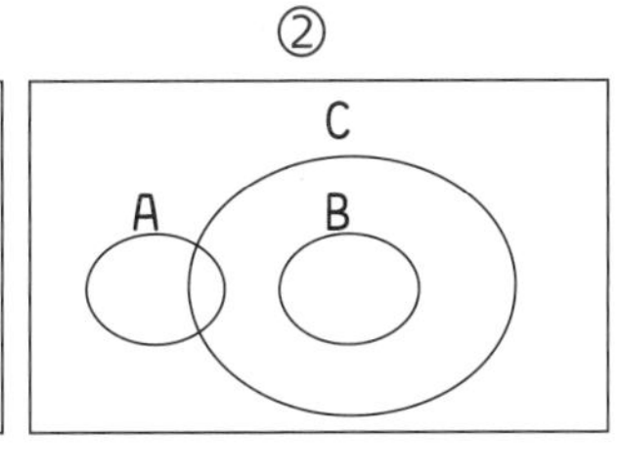

③

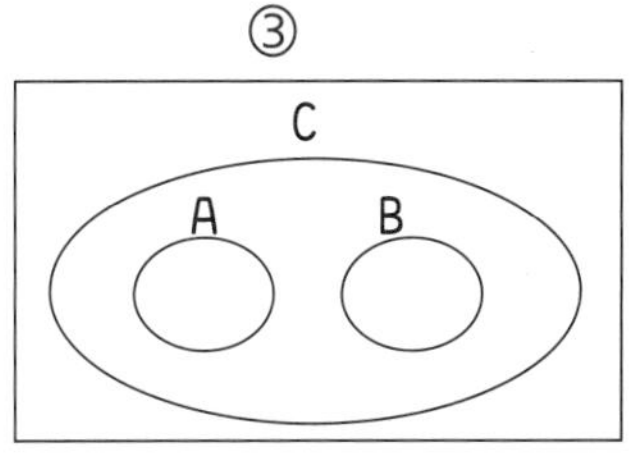

· 분석

ㄱ. 꿈을 꾸는 모든 사람은 커피를 마시지 않는다.

– ②, ③의 벤다이어그램에서 A와 C에 동시에 포함되는 부분이 존재한다.
따라서 주어진 전제들에 대해 항상 참이 되는 결론이 아니다.

ㄴ. 커피를 마시지 않는 어떤 사람은 꿈을 꾼다.

– ③의 벤다이어그램에서는 C의 외부는 A와 겹치는 부분이 없다.
따라서 주어진 전제들에 대해 항상 참이 되는 결론이 아니다.

ㄷ. 커피를 마시는 어떤 사람은 꿈을 꾼다.

– ①의 벤다이어그램에서는 A와 C가 겹치는 부분이 존재하지 않는다.
따라서 주어진 전제들에 대해 항상 참이 되는 결론이 아니다.

ㄹ. 꿈을 꾸는 모든 사람은 커피를 마신다.

– ①, ②의 벤다이어그램에서 A에는 포함되나 C에는 포함되지 않는 부분이 존재한다.
따라서 주어진 전제들에 대해 항상 참이 되는 결론이 아니다.

ㅁ. 커피를 마시는 어떤 사람은 꿈을 꾸지 않는다.

– ①, ②, ③ 벤다이어그램 모두 C에는 포함되나 A에는 포함되지 않는 부분이 존재한다.
따라서 주어진 전제들에 대해 항상 참이 될 수 있는 결론이다. (정답)

문항 분석 및 평가표

—> 문항 분석 : 내가 남들과 조금 다르다는 이유로 차별을 받는다면 어떤 느낌일지 생각해보는 것도 남들을 이해하는데 큰 도움을 줄 수 있습니다.

—> 평가표 :

정답 틀림	0점
정답 맞음	5점

출제자 예시 답안

—> · 학교에서 이러한 학생들을 다문화가정 학생이라고 하는 것 자체가 이미 차별의 시작이다.
어떠한 소수자 집단에 대해 우리와 같지 않다는 이유로 나누어서 생각한다는 것은 한국사람을 '김치',중국사람을 '짜장', 일본사람을 '스시' 등으로 부르는 욕설과 크게 다르지 않다.
· 언어의 차이에서 차별을 당할 수 있다.
우리나라 사람의 외모와 크게 다르지 않은 학생들도 있지만, 대부분 억양이나 어휘력에서 또래 나이의 학생들과 약간 차이가 있다고 한다. 이러한 학생들을 바라볼 때 '아..다문화가정 학생이구나..힘들겠네' 라는 동정보다는 그들을 인정해주고 배려해주는 마음을 가지는 자세가 필요하다.
· 외모의 차이에서 차별을 당할 수 있다.
특히나 어린 나이대에서는 외모가 나랑 다르다는 이유로 괴롭힘, 따돌림을 당하는 사례가 많다. 동남아 혼혈 학생일 경우 더 심하고, 이를 경제적인 문제로까지 편견을 가지기도 한다.

문항 분석 및 평가표

—> 문항 분석 : 따지기 쉬운 항목부터 찾아보도록 합니다.

—> 평가표 :

정답 틀림	0점
정답 맞음	5점

정답 및 해설

—> 정답 : 미경, 성진, 희연

—> 해설 : 주어진 조건을 ㄴ → ㄷ → ㄹ → ㄱ 순으로 따라가면 아래와 같다.
· ㄴ: 지용이와 은비는 바이킹을 타러 간다.
· ㄷ: 혜진이는 관람차를 타러 가고 미경이는 롤러코스터를 타러 간다.
· ㄹ: 성진이, 영훈이, 희연이 중 혜진이와 같은 놀이기구를 타러 가는 사람은 없다.
→ 성진이, 영훈이, 희연이는 롤러코스터 또는 바이킹을 타러 간다.
· ㄱ: 성진이는 2명의 여학생과 같은 놀이기구를 타러 간다.
→ 바이킹에는 이미 지용이(남학생)가 있으므로 성진이는 롤러코스터를 타러간다.
→ 영훈이는 바이킹을 타러가고, 희연이는 롤러코스터를 타러 간다.

롤러코스터	바이킹	관람차
미경, 성진, 희연	지용, 은비, 영훈	혜진

점수에 따른 성취도 등급

등급	1등급	2등급	3등급	4등급	5등급	총점
평가	40 점 이상	30 점 이상 ~ 39 점 이하	20 점 이상 ~ 29 점 이하	10 점 이상 ~ 19 점 이하	9 점 이하	50 점

2 수리논리

· 총 20 문제입니다. 각 평가표에 있는 기준별로 배점을 했습니다. / 단원 말미에서 성취도 등급을 확인하세요.

문 01
P.20

문항 분석 및 평가표

—> 문항 분석 : 분수개념에 대한 이해를 묻는 문항으로써 그와 동시에 수학적인 정교성을 평가할 수 있는 문항이다. 답뿐 아니라 풀이과정이 요구되므로 평소에 풀이과정을 꼼꼼히 써보는 연습이 필요하다.

—> 평가표 :

정답 틀림	0점
정답 맞음	5점

정답 및 해설

—> 정답 : 13 시간 45 분

—> 풀이과정 :

무한이는 1 시간에 $\frac{1}{16}$ 씩, 상상이는 1 시간에 $\frac{1}{20}$ 씩 일을 하므로 무한이와 상상이가 함께 일하면 1 시간에 $\frac{1}{16} + \frac{1}{20} = \frac{9}{80}$ 씩 일을 한다. 함께 5 시간 동안 일하면 $\frac{9}{80} \times 5 = \frac{9}{16}$ 만큼 일을 하게되므로 남은 $1 - \frac{9}{16} = \frac{7}{16}$ 만큼의 일을 상상이가 혼자 하게된다. 남은 일을 끝내는 데 상상이가 일한 시간은 $\frac{7}{16} \div \frac{1}{20} = \frac{35}{4} = 8\frac{3}{4}$ 시간이므로 8 시간 45 분이다.

따라서 상상이가 일한 총 시간은 5 시간 + 8 시간 45 분 = 13 시간 45 분이다.

문 02
P.20

문항 분석 및 평가표

—> 문항 분석 : 누적되어 있는 자료를 분석해서 사실과 맞지 않는 문장을 골라내는 문항으로 통계 자료에 대한 기초 지식을 평가한다.

—> 평가표 :

정답 틀림	0점
정답 맞음	4점

정답 및 해설

—> 정답 : ㉡

—> 해설 : 외식을 하지 않은 달은 3 월, 4 월, 8 월, 9 월, 10 월 총 5 번 입니다.

문항 분석 및 평가표

⟶ 문항 분석 : 나열된 숫자를 보고 그 안에서 규칙을 찾아내 다음 숫자를 예측하는 문항으로 논리력을 평가한다.

⟶ 평가표 :

정답 틀림	0점
정답 맞음	4점

정답 및 해설

⟶ 정답 : 602

⟶ 해설 : 나열된 숫자들은 다음과 같은 규칙을 가지고 있다.

2 – 2 – 4 – 12 – 16 – 80 – 86 – .....
×1 +2 ×3 +4 ×5 +6

규칙을 보면 곱셈과 덧셈이 번갈아 가며 나오고 숫자는 1 씩 커지는 걸 알 수 있다.

따라서 이 규칙에 따르면 다음에는 × 7 을 할 차례이므로 86 × 7 = 602 이다.

문 04
P.21

문항 분석 및 평가표

⟶ 문항 분석 : 원형으로 나열된 숫자안에서 규칙을 찾아 다음 숫자를 예측하는 문항으로 논리력과 유추력을 평가합니다.

⟶ 평가표 :

정답 틀림	0점
정답 맞음	5점

정답 및 해설

⟶ 정답 : 1

⟶ 해설 : 64부터 반시계 방향으로 2칸씩 가면서 그 자리 숫자를 나열하면 아래와 같다.

64 63 61 57 49 33 A

이 숫자들은 1, 2, 4, 8, 16 씩 작아지고 있으므로 다음 번에는 32만큼 작아진다.

따라서 A에 알맞은 숫자는 1 이다.

문 05
P.22

문항 분석 및 평가표

⟶ 문항 분석 : 조건을 보고 최소공배수 개념을 이용하여 정답을 구해내는 문항이다. 최소공배수 개념에 대한 이해도와 구한 답이 논리적으로 맞는지를 평가한다.

⟶ 평가표 :

정답 틀림	0점
1 번 문항 정답 맞음	2점
2 번 문항 정답 맞음	3점

정답 및 해설

⟶ 정답 : (1) 13 시 (2) 17 시 45 분, 21 시 30 분

⟶ 해설 : (1) 세 종류 버스의 운행간격은 각각 9 분, 18 분, 25 분이므로 처음 05:30 에 모두 출발한 뒤 다음으로 같이 출하는 시각은 9, 18, 25 의 최소공배수만큼의 시간이 지난 후 이다. 이 세 수의 최소공배수는 450 이며 450 분은 7 시간 30 분이므로 첫 출발 뒤 다시 세 종류의 버스가 동시에 출발하는 시각은 13 시이다.

(2) 버스 A 는 9 분 간격으로, 버스 C 는 25 분 간격으로 운행하므로 이 두 버스는 9 와 25 의 최소공배수만큼의 시간이 지날 때마다 동시에 출발한다. 최소공배수는 225 이고 이는 3 시간 45 분이므로 점심시간이 끝난 14 시 이후 이 두 버스가 동시에 출발하는 시각은 17 시 45 분, 21 시 30 분이다.

문 06

P. 23

문항 분석 및 평가표

⟶ 문항 분석 : 조건을 보고 최소공배수 개념을 이용하여 정답을 구해내는 문항이다. 최소공배수 개념에 대한 이해도와 구한 답이 논리적으로 맞는지를 평가한다.

⟶ 평가표 :

정답 틀림	0점
정답 맞음	6점

정답 및 해설

⟶ 정답 : 238 명

⟶ 해설 : · 수학여행 참가인원은 다음과 같다.

(1) 4 명씩 조를 짜면 2 명이 남는다 → 수학여행 참가인원 : 4a + 2 명 (a : 자연수)

(2) 5 명씩 조를 짜면 3 명이 남는다 → 수학여행 참가인원 : 5b + 3 명 (b : 자연수)

(3) 6 명씩 조를 짜면 4 명이 남는다 → 수학여행 참가인원 : 6c + 4 명 (c : 자연수)

· 같은 꼴로 만들기

ⓐ $4a + 2 = 4(a + 1) - 2$

ⓑ $5b + 3 = 5(b + 1) - 2$

ⓒ $6c + 4 = 6(c + 1) - 2$

수학여행 참가인원은 위의 ⓐ, ⓑ, ⓒ 꼴로 표현될 수 있어야 한다. (4, 5, 6 의 최소공배수)

· 최소공배수 구하기

4, 5, 6 의 최소공배수는 60 이므로 ⓐ, ⓑ, ⓒ은 모두 $60N - 2$ 로 표현할 수 있다.

· 수학여행 참가인원 찾기

수학여행 참가인원이 $60N - 2$ (N 은 자연수) 로 표현되므로 가능한 인원은 다음과 같다.

N = 1 일 때, 58 명 N = 2 일 때, 118 명 N = 3 일 때, 178 명 N = 4 일 때, 238 명 · · ·

무한초등학교 6학년 정원은 250 명이고, 수학여행 참가인원이 200 명 이상이므로 가능한 수학여행 참가인원은 238 명 이다.

문 07 P.24

문항 분석 및 평가표

⟶ 문항 분석 : 농도에 대한 개념과 유리수의 사칙연산을 이용하여 정답을 구해내는 문항이다.

⟶ 평가표 :

정답 틀림	0점
정답 맞음	5점

정답 및 해설

⟶ 정답 : 72 g

⟶ 해설 : · 전체 소금의 양은 변하지 않는다. 8 % 농도의 소금물의 총 질량을 a 라 하면 각 소금물에 녹아 있는 소금의 양은 다음과 같다.

(1) 8 % 농도의 소금물에 녹아 있는 소금의 양 : $\frac{8}{100} \times a$

(2) 14 % 농도의 소금물에 녹아 있는 소금의 양 : $\frac{14}{100} \times (a + 200)$

(3) 12 % 농도의 소금물에 녹아 있는 소금의 양 : $\frac{12}{100} \times (2a + 200)$

· 따라서 식은 다음과 같다.

$$\left(\frac{8}{100} \times a\right) + \left\{\frac{14}{100} \times (a + 200)\right\} = \frac{12}{100} \times (2a + 200)$$

· 위의 식을 계산하면 a = 200 g 을 얻을 수 있다.

· 12 % 농도의 소금물의 총 질량은 2 a + 200 = 600 g 이므로 녹아 있는 소금의 양은

$\frac{12}{100} \times 600 = 72$ g 이다.

문항 분석 및 평가표

⟶ 문항 분석 : 주어진 조건에 맞게 경우의 수를 따져 악수한 횟수를 구하는 문항이다. 논리력을 요하는 문항으로서 해설과 같이 그림을 이용하여 표현하면 좀 더 쉽게 문제를 해결할 수 있다.

⟶ 평가표 :

정답 틀림	0점
정답 맞음	6점

정답 및 해설

⟶ 정답 : 3 번

⟶ 해설 : ① 조건에서 추가적으로 알 수 있는 것을 파악한다.

· 자기 자신과는 악수를 할 수 없고, 자신의 여자친구는 본 적이 있는 사람이므로 악수하지 않는다. 따라서 최대한 많이 악수할 수 있는 경우는 6 번 이다.

· 무한이를 제외한 7 명의 악수한 횟수가 모두 달랐으므로 이 7 명은 각각 0 ~ 6 번 악수를 한 것이 된다.

② 6 번 악수한 사람은 본인과 본인의 여자친구를 제외한 모든 사람과 악수를 한 사람이다.

· 6 번 악수한 사람의 여자친구를 제외한 모든 사람은 1 번 이상 악수를 한 사람이 되므로 이 여자친구는 0 번 악수한 사람이 될 수 밖에 없다.

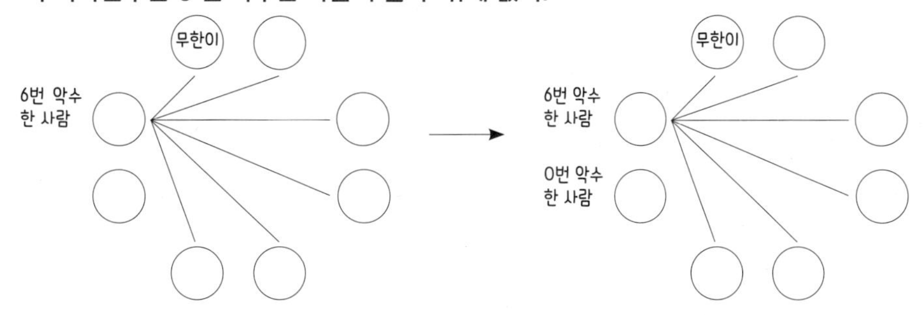

③ 5 번 악수한 사람은 본인, 본인여자친구, 0 번 악수한 사람을 제외한 모든 사람과 악수 한 사람이다. 이럴 경우 이미 횟수가 정해진 사람들과 여자친구를 제외한 사람들은 2 번 이상 악수를 한 사람이므로 이 여자친구는 1 번 악수한 사람이 될 수 밖에 없다.

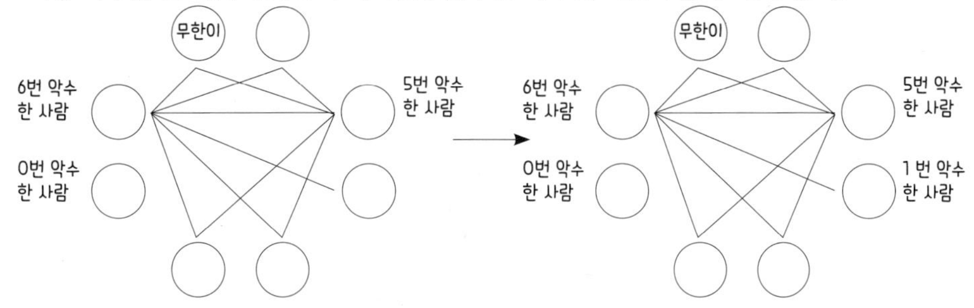

④ 4 번 악수한 사람은 본인, 본인여자친구, 0 번 악수한 사람, 1 번 악수한 사람을 제외한 모든 사람과 악수한 사람이다. 위와 마찬가지의 논리로 이 사람의 여자친구는 2 번 악수 한 사람이 될 수 밖에 없다.

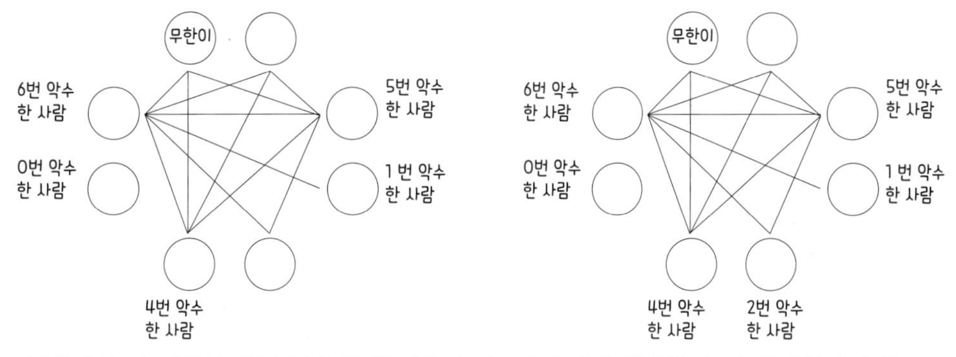

· 무한이의 여자친구는 악수를 3 번 한 사람이 되므로 조건에 만족하며, 이 때 무한이가 한 악수의 횟수는 3 번 이다.

문 09
P. 26

문항 분석 및 평가표

⟶ 문항 분석 : 한 자연수를 그보다 작은 자연수들의 합으로 나타내고, 각 경우에 대해 나열하는 방법을 찾는 문항입니다.

⟶ **평가표 :**

정답 틀림	0점
정답 맞음	5점

정답 및 해설

⟶ 정답 : 44 번

⟶ 해설 : · 한 걸음에 1 ~ 3 개의 계단을 오를 수 있으므로, 7 을 1 ~ 3 의 합으로 나타낼 수 있는 경우는 아래의 8 가지 경우이다.

(1) 1 + 1 + 1 + 1 + 1 + 1 + 1 = 7 (2) 1 + 1 + 1 + 1 + 1 + 2 = 7 (3) 1 + 1 + 1 + 2 + 2 = 7
(4) 1 + 2 + 2 + 2 = 7 (5) 1 + 1 + 1 + 1 + 3 = 7 (6) 1 + 3 + 3 = 7 (7) 1+ 1 + 2 + 3 = 7
(8) 2 + 2 + 3 = 7

· 1 계단 → 3 계단 → 3 계단 으로 오르는 것과 3 계단 → 3 계단 → 1 계단 으로 오르는 것은 다른 방법이므로 각 경우에서 숫자의 순서가 다른 경우를 찾아본다.

(1) (1, 1, 1, 1, 1, 1, 1) 의 경우 (1, 1, 1, 1, 1, 1, 1) → 1 가지
(2) (1, 1, 1, 1, 1, 2) 의 경우 (1, 1, 1, 1, 1, 2), (1, 1, 1, 1, 2, 1), (1, 1, 1, 2, 1, 1),
(1, 1, 2, 1, 1, 1), (1, 2, 1, 1, 1, 1), (2, 1, 1, 1, 1, 1) → 6 가지
(3) (1, 1, 1, 2, 2) 의 경우
(1, 1, 1, 2, 2), (1, 1, 2, 1, 2), (1, 2, 1, 1, 2), (2, 1, 1, 1, 2), (2, 1, 1, 2, 1)
(2, 1, 2, 1, 1), (2, 2, 1, 1, 1), (1, 2, 1, 2, 1), (1, 2, 2, 1, 1), (1, 1, 2, 2, 1) → 10 가지
(4) (1, 2, 2, 2) 의 경우
(1, 2, 2, 2), (2, 1, 2, 2), (2, 2, 1, 2), (2, 2, 2, 1) → 4 가지
(5) (1, 1, 1, 1, 3) 의 경우
(1, 1, 1, 1, 3), (1, 1, 1, 3, 1), (1, 1, 3, 1, 1), (1, 3, 1, 1, 1), (3, 1, 1, 1, 1) → 5 가지
(6) (1, 3, 3) 의 경우 (1, 3, 3), (3, 1, 3), (3, 3, 1) → 3 가지
(7) (1, 1, 2, 3)의 경우
(1, 1, 2, 3), (1, 2, 1, 3), (2, 1, 1, 3), (2, 1, 3, 1), (2, 3, 1, 1), (1, 1, 3, 2)
(1, 3, 1, 2), (3, 1, 1, 2), (3, 1, 2, 1), (3, 2, 1, 1), (1, 2, 3, 1), (1, 3, 2, 1) → 12 가지
(8) (2, 2, 3) 의 경우 (2, 2, 3), (2, 3, 2), (3, 2, 2) → 3 가지

· 따라서 무한이가 7 개의 계단으로 이루어진 한 층을 올라갈 수 있는 방법은 총 44 가지이다.

문 10
P. 27

문항 분석 및 평가표

⟶ 문항 분석 : 주어진 자료를 보고 조건에 맞게 바르게 해석하여 정답을 구해내는 논리력을 평가하는 문항이다.

⟶ 평가표 :

정답 틀림	0점
정답 맞음	5점

정답 및 해설

⟶ 정답 : ①

문항번호	1	2	3	4	5	6	7	8	9	10
정답	O	O	X	O	X	O	O	X	X	O

② 8 개

→ 해설 : · 가장 많이 맞춘 상상이의 답안을 정답이라고 가정하고, 답안을 채점하면 무한이는 4 개, 상상이는 10 개, 알탐이는 5 개를 맞추게 된다.

(1) 무한이의 답이 상상이의 답과 다른 문항 : 2 번, 3 번, 6 번, 8 번, 9 번, 10 번

(2) 알탐이의 답이 상상이의 답과 다른 문항 : 1 번, 2 번, 4 번, 7 번, 8 번

· 상상이가 틀린 문항이 2 문항이고, 무한이와 알탐이가 더 맞춰야 할 문항도 각각 2 문항이므로 무한이, 알탐이 2 명 모두와 답이 다른 2 번, 8 번 문항이 상상이가 틀린 문항이고 무한이 알탐이가 맞춘 문항이라고 생각할 수 있다.

따라서 상상이의 답안에서 2 번, 8 번 문항의 답을 고친 것이 정답이 된다.

문 11
P.28

문항 분석 및 평가표

→ 문항 분석 : 나눗셈식을 보고 유추할 수 있는 수부터 생각해본다. 몫이 5 자리 수인데 연산과정은 3 번이라면 연산과정이 없는 자리의 몫은 0 입니다.

→ 평가표 :

정답 틀림	0점
정답 맞음	5점

정답 및 해설

→ 정답 : 1089709

→ 해설 : ① 식을 보면 몫은 5 자리 수이지만 연산과정은 3 개이다.
따라서 몫의 2, 4 번째 수는 0 이다.

② 식에서 나누는 수는 2 자리 수이고 이 2 자리 수에 8 을 곱한 수도 2 자리 수이다.
몫의 1, 5 번째 수를 곱하면 3 자리 수가 되므로 몫의 1, 5 번째 수는 9 이다.

③ 8 을 곱하면 2 자리 수, 9 를 곱하면 3 자리 수가 되는 2 자리 수는 12 뿐이다.
따라서 나누는 수는 12 이다.

④ 따라서 구하고자 하는 7 자리 수는 다음과 같다.
$12 \times 90809 + 1 = 1089709$

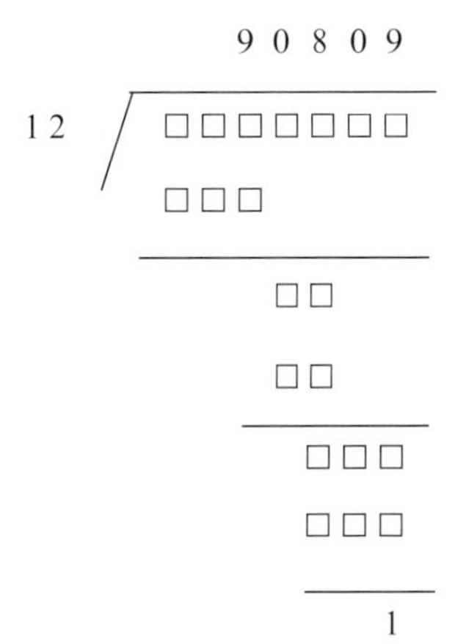

문 12
P.29

문항 분석 및 평가표

→ 문항 분석 : 약수, 배수 관계를 생각해서 하나의 분수를 두 개의 분수의 합으로 나타내보도록 한다.

→ 평가표 :

정답 틀림	0점
정답 맞음	4점

정답 및 해설

⟶ 정답 : 피자 13 판 중 4 판은 9 등분하고 9 판은 4 등분해서 36 명 모두에게 9 등분한 피자 1 조각과 4 등분한 피자 1 조각씩을 나눠준다.

⟶ 해설 : 피자 13 판을 36 명이 공평하게 먹기 위해선 각각 $\frac{13}{36}$ 씩 나눠줘야 한다.
$\frac{13}{36} = \frac{1}{4} + \frac{1}{9}$ 이다. 따라서 피자를 36 등분하는 방법을 택하지 않더라도 9 판은 4 등분, 4 판은 9 등분을 하면 4 등분한 피자 36 조각, 9 등분한 피자 36 조각이 나오므로 36 명이 최대한 크고 공평하게 먹을 수 있다.

문 13
P. 30

문항 분석 및 평가표

⟶ 문항 분석 : 만들고자 하는 수가 몇 자리 수인지, 일의 자리 수는 무엇인지를 먼저 맞춰보도록 한다.

⟶ 평가표 :

①, ② 둘 다 틀림	0점
①, ② 둘 중 하나만 맞음	2점
①, ② 둘 다 맞음	5점

정답 및 해설

⟶ 정답 : ① 123 − 45 − 67 + 89 = 100
② 9 + 8 + 7 + 65 + 4 + 3 + 2 + 1 = 99, 9 + 8 + 7 + 6 + 5 + 43 + 21 = 99

문항 분석 및 평가표

⟶ 문항 분석 : 총 문제 수를 일정 갯수라고 가정해서 계산해보면 쉽게 옳은지 아닌지 판단할 수 있다.

⟶ 평가표 :

정답 틀림	0점
정답 맞음	4점

정답 및 해설

⟶ 정답 : 무한이는 하루에 20 문제씩 풀겠다는 결심을 지키지 못했다.

⟶ 해설 : 문제집의 총 문제 수가 300 개라고 하자. 하루에 20 문제씩 풀면 15 일만에 문제집을 다 풀 수 있습니다. 하지만 초반에 10 문제씩 총 문제 수의 절반을 풀었기 때문에 15 일 동안 150 문제만 푼 것이 됩니다. 나머지 150 문제를 하루에 30 문제씩 풀어도 5 일의 시간이 더 걸리므로 무한이는 300 개의 문제를 총 20 일만에 푼 것이 된다. 따라서 무한이는 이 문제집을 하루에 20 문제씩 풀겠다는 결심을 지키지 못한 것이 된다.

문 15
P.32

문항 분석 및 평가표

⟶ 문항 분석 : 각 번호의 카드가 몇 번씩 뒤집히는지 규칙부터 파악하도록 한다. 약수의 갯수가 홀수 개이면 그 수는 제곱수이다. (제곱수 : 1, 4, 9, 16, 25, 36, ...)

⟶ 평가표 :

정답 틀림	0점
정답 맞음	5점

정답 및 해설

⟶ 정답 : 43 장

⟶ 해설 : · 카드는 맨 처음 빨간색인 면이 보이게 놓여 있으므로, 홀수 번 뒤집으면 파란색이 보이게 되고 짝수 번 뒤집으면 빨간색이 보인다.

· 각 번호의 학생들이 해당 번호의 배수인 카드를 모두 뒤집으므로, 각 번호의 카드는 해당 번호의 약수 갯수만큼 뒤집히게 된다. (예시 : 4 번 카드는 1, 2, 4 번 학생이 뒤집는다.)

· 약수의 갯수가 짝수인 수보다 홀수인 수가 더 적으므로 홀수인 수의 갯수를 파악한다.

1 , 4 , 9 , 16 , 25 , 36 , 49 → 7 개

· 나머지 43 개의 수는 약수의 갯수가 짝수 개 이므로 50 번학생까지 뒤집고 나면 빨간색이 보이게 된다.

문 16
P.33

문항 분석 및 평가표

⟶ 문항 분석 : 분침은 시침보다 12 배 빠르게 움직인다. 분침과 시침이 여섯 시, 아홉 시를 기준으로 각각 얼마만큼씩 움직였는지를 비교하여 본다.

⟶ 평가표 :

정답 틀림	0점
정답 맞음	6점

정답 및 해설

⟶ 정답 : 집에서 나간 시간 : 6 시 $47\frac{119}{143}$ 분 , 집으로 들어온 시간 : 9 시 $33\frac{141}{143}$ 분

⟶ 해설 : · 그림과 같이 나갈 때의 분침과 들어올 때의 분침의 위치가 각각 A 분, B 분을 가리키고 있다.

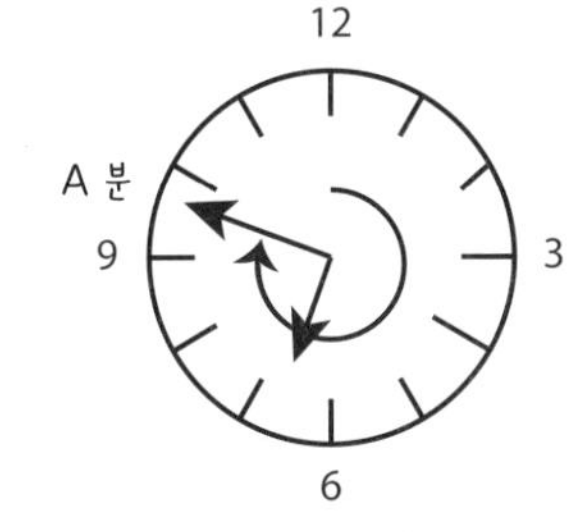

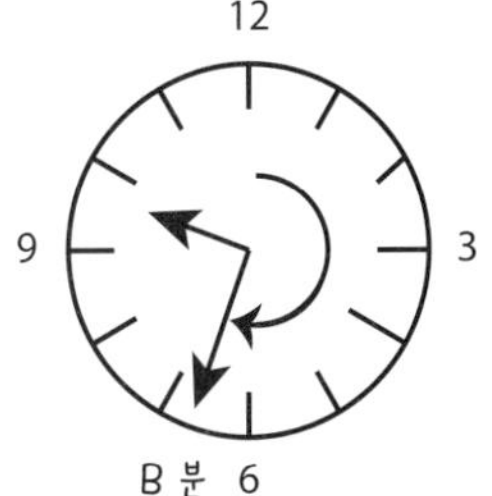

· 그러면 나올 때의 시간과 6 시를 비교해보면 분침은 A 만큼, 시침은 (B − 30) 만큼 움직였다.

· 분침은 시침보다 12 배 빨리 움직이므로 다음의 식을 얻을 수 있다.

$A = 12 \times (B - 30)$ ······· ①

들어올 때의 시간과 9 시를 비교해보면 분침은 B 만큼 움직였고, 시침은 (A - 45) 만큼 움직였다. 위와 마찬가지로 분침과 시침의 속도를 비교했을 때 다음을 얻을 수 있다.

$B = 12 \times (A - 45)$ ······· ②

A 와 B 는 ① 식과 ② 식을 모두 만족하는 수이므로 두 식을 연립해서 풀면 다음을 얻는다.

$A = 47\frac{119}{143}$, $B = 33\frac{141}{143}$ ∴ 따라서 영재는 6 시 $47\frac{119}{143}$ 분에 집에서 나가서 9 시 $33\frac{141}{143}$ 분에 집으로 돌아왔다.

문항 분석 및 평가표

⟶ 문항 분석 : 3 월 27 일을 규칙에 따라 풀면 짝수번째 수를 없애는 시행을 7 번 반복한 후 3 번째 있는 수가 당첨번호가 된다.

⟶ 평가표 :

정답 틀림	0점
정답 맞음	5점

정답 및 해설

⟶ 정답 : 257

⟶ 해설 : · 27 일 이므로 규칙 ⓑ 에 따라 짝수번째 수를 없애는 시행을 해야하고, 규칙 ⓒ 에 따라 이 시행을 7 번 반복한다.

· 3 월 이므로 규칙 ⓓ 에 따라 위의 시행을 마친 후 앞에서 3 번째 수가 당첨번호가 된다. 차례대로 해나가보면서 규칙성을 아래와 같이 찾아본다.

0 회 시행 : 1 2 3 4 ··· 9999 10000 → 당첨번호는 3

1 회 시행 : 1 3 5 7 ··· 9997 9999 → 당첨번호는 5

2 회 시행 : 1 5 9 13 ... 9993 9997 → 당첨번호는 9

3 회 시행 : 1 9 17 25 ... 9985 9993 → 당첨번호는 17

⋮

· 시행을 할 때마다 당첨번호는 3, 5, 9, 17 로 변하는 것을 확인할 수 있다. 이 수들은 다음과 같은 규칙에 따라 변하고 있다.

3 (+ 2) 5 (+ 4) 9 (+ 8) 17 (+ 16) 33 (+ 32) 65 (+ 64) 129 (+ 128) 257

· 따라서 3 월 27 일의 당첨번호는 257 이 됩니다.

문항 분석 및 평가표

⟶ 문항 분석 : 문제에는 가짜 동전의 무게가 가벼운지, 무거운지 나와있지 않지만 경우의 수를 나눠서 그 이전 시행에서 이 동전이 올라갔었는지, 내려갔었는지를 생각하면 문제를 해결할 수 있다.

⟶ 평가표 :

정답 틀림	0점
정답 맞음	6점

—> 해설 : · 동전 12 개에 각각 1 ~ 12 까지 번호를 붙인다.

우선 양팔저울에 한쪽은 1 ~ 4 번 동전을 올리고, 나머지 한쪽은 5 ~ 8 번 동전을 올린다.

(1) 양팔저울이 평형을 이룰 경우

동전무게	정상무게인 동전	나머지와 다른무게일 수 있는 동전
동전번호	1, 2, 3, 4 5, 6, 7, 8	9, 10, 11, 12

ⓐ 1, 2, 3 번 동전을 한쪽에 올리고, 나머지 한쪽은 9, 10, 11 번 동전을 올려본다.

(ㄱ) 양팔저울이 평형을 이룬다면 12 번 동전이 가짜이다.

(ㄴ) 1, 2, 3 번 동전을 올린 쪽이 올라간다면 9, 10, 11 번 세 개의 동전 중 나머지와 무게가 다른 동전은 나머지 동전보다 무겁다는 뜻이 된다. 한쪽에는 9 번, 나머지 한쪽은 10 번 동전을 올렸을 때, 평형을 이루면 11 번 동전이 가짜이고 평형을 이루지 않는다면 내려가는 쪽의 동전이 가짜이다.

(ㄷ) 1, 2, 3 번 동전을 올린 쪽이 내려간다면 9, 10, 11 번 세 개의 동전 중 나머지와 무게가 다른 동전은 나머지 동전보다 가볍다는 뜻이 된다. (ㄴ) 과 마찬가지로 한쪽에는 9 번, 나머지 한쪽은 10 번 동전을 올려보면 가짜인 동전을 찾을 수 있다.

(2) 양팔저울이 평형을 이루지 않을 경우

동전무게	정상무게인 동전	나머지와 다른무게일 수 있는 동전
동전번호	9, 10, 11, 12	1, 2, 3, 4 5, 6, 7, 8

ⓐ 1, 2, 9 번 동전을 한쪽에 올리고, 나머지 한쪽은 3, 4, 5 번 동전을 올려본다.

(ㄱ) 양팔저울이 평형을 이룬다면 6, 7, 8 번 동전 중 가짜가 있다.

(2) 에서 6, 7, 8 번 동전이 있는 쪽이 올라갔다면 가짜인 동전은 나머지 동전에 비해 가벼운 것이고, 내려갔다면 가짜인 동전은 나머지 동전에 비해 무거운 것이다. (1) – ⓐ – Ⓛ 과 마찬가지의 방법으로 한 번 더 측정을 하면 가짜 동전을 찾을 수 있다.

(ㄴ) 양팔저울이 평형을 이루지 않을 때

· 경우의 수를 나눠서 생각해보도록 하자.

· (2) 에서 1, 2, 3, 4 번 동전이 내려가 있었을 때, ⓐ 에서 1, 2, 9 번 동전이 내려갈 때

– 1, 2, 9 번 동전 = (2) 에서 무거운 쪽에 있었던 동전 2 개 + 정상무게 동전 1 개

– 3, 4, 5 번 동전 = (2) 에서 무거운 쪽에 있었던 동전 2 개

(2) 에서 가벼운 쪽에 있었던 동전 1 개

→ 1, 2 번 동전 중 한 개가 나머지보다 무거운 동전이거나, 5 번 동전이 나머지보다 가벼운 동전이다. 1 번 동전과 2 번 동전의 무게를 재보면 가짜를 찾을 수 있다.

· (2) 에서 1, 2, 3, 4 번 동전이 내려가 있었을 때, ⓐ 에서 3, 4, 5 번 동전이 내려갈 때

– 1, 2, 9 번 동전 = (2) 에서 무거운 쪽에 있었던 동전 2 개 + 정상무게 동전 1 개

– 3, 4, 5 번 동전 = (2) 에서 무거운 쪽에 있었던 동전 2 개

(2) 에서 가벼운 쪽에 있었던 동전 1 개

→ 3, 4 번 동전 중 한 개가 나머지보다 무거운 동전이다. 두 개의 무게를 재보면 가짜를 찾을 수 있다.

· (2) 에서 1, 2, 3, 4, 번 동전이 올라가 있었을 때, ⓐ 에서 1, 2, 9 번 동전이 내려갈 때
- 1, 2, 9 번 동전 = (2) 에서 가벼운 쪽에 있었던 동전 2 개 + 정상무게 동전 1 개
- 3, 4, 5 번 동전 = (2) 에서 가벼운 쪽에 있었던 동전 2 개
(2) 에서 무거운 쪽에 있었던 동전 1 개
→ 3, 4 번 동전 중 한 개가 나머지보다 가벼운 동전이다. 두 개의 무게를 재보면 가짜를 찾을 수 있다.

· (2) 에서 1, 2, 3, 4, 번 동전이 올라가 있었을 때, ⓐ 에서 3, 4, 5 번 동전이 내려갈 때
- 1, 2, 9 번 동전 = (2) 에서 가벼운 쪽에 있었던 동전 2 개 + 정상무게 동전 1 개
- 3, 4, 5 번 동전 = (2) 에서 가벼운 쪽에 있었던 동전 2 개
(2) 에서 무거운 쪽에 있었던 동전 1 개
→ 1, 2 번 동전 중 한 개가 나머지보다 가벼운 동전이거나, 5 번 동전이 나머지보다 무거운 동전이다. 1 번 동전과 2 번 동전의 무게를 재보면 가짜를 찾을 수 있다.

∴ 모든 경우에 양팔저울을 3 번만 사용하면 가짜 동전을 찾을 수 있다.

문항 분석 및 평가표

⟶ 문항 분석 : 정육면체 3 개를 만들기 위해서는 쌓기나무의 갯수가 세제곱수 + 세제곱수 + 세제곱수만큼 필요하다. 세제곱수는 9 로 나누면 나머지가 0, 1, 8 만 나오게 된다.

⟶ 평가표 :

이유가 타당하지 않음	0점
이유가 타당함	5점

정답 및 해설

⟶ 정답 : 만들 수 없다. 1,000,003 은 9 로 나누었을 때 나머지가 4 이기 때문이다.

⟶ 해설 : · 직접 계산할 수 없는 문제이므로 나머지를 생각해서 알아본다.
· 정육면체를 만드는데 필요한 쌓기나무의 갯수는 세제곱수이고 이를 9 로 나눈 나머지는 0, 1, 8 뿐입니다.
· 3 개의 정육면체를 만드는데 필요한 쌓기나무의 갯수는 세제곱수 + 세제곱수 + 세제곱수이고, 이 수를 9 로 나누었을 때 나오는 나머지 0, 1, 8 중 중복을 허용하여 세 개를 골라 합친 수를 9 로 나눈 나머지가 나올 수 있다. 표로 나타내면 다음과 같다.
· 즉, 세제곱수 세 개의 합을 9 로 나누게 되면 나머지는 0, 1, 2, 3, 6, 7, 8 만 나올 수 있다.
· 1,000,003 을 9 로 나누면 나머지는 4 가 나오므로 1,000,003 은 세제곱수 세 개의 합이 아니다.

0, 1 ,8 중 3 개를 뽑는 경우	세 수의 합	세 수의 합을 9 로 나눈 나머지
(0, 0, 0)	0	0
(0, 0, 1)	1	1
(0, 0, 8)	8	8
(0, 1, 1)	2	2
(0, 1, 8)	9	0
(0, 8, 8)	16	7
(1, 1, 1)	3	3
(1, 1, 8)	10	1
(1, 8, 8)	17	8
(8, 8, 8)	24	6

· 따라서 1,000,003 개의 쌓기나무를 모두 써서 세 정육면체를 만드는 것은 불가능하다.

문항 분석 및 평가표

⟶ 문항 분석 : 6 명이 리그전을 하면 한 명이 최대로 할 수 있는 경기 수는 5 경기이다. 가장 많이 시합을 한 사람부터 그림을 그려보며 알아보자

⟶ 평가표 :

정답 틀림	0점
정답 맞음	5점

정답 및 해설

⟶ 정답 : 3 번

⟶ 해설 : 리그전은 각 반 학생이 모든 다른반 학생들과 경기를 하는 방식을 의미한다.
총 선수가 6 명이므로 각 선수가 할 수 있는 최대 경기 수는 5 번 이다.
① 따라서 5 반 대표는 다른 반 대표 모두와 경기를 하였다.

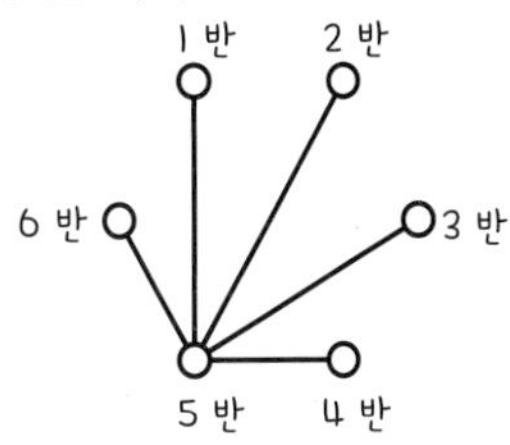

② 4 반 대표는 4 번 경기를 하였으므로, 1 반 대표를 제외한 모두와 경기를 한 것이 된다.

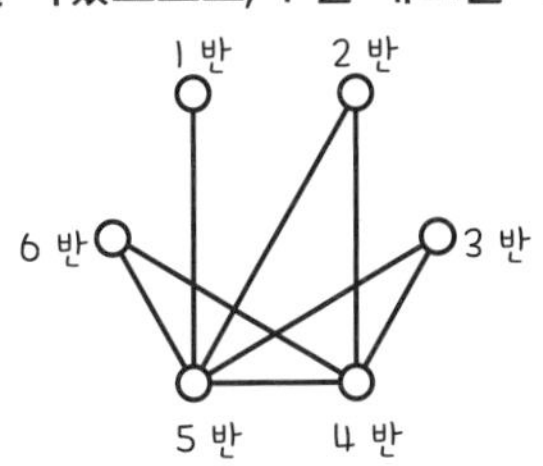

③ 3 반 대표는 3 번 경기를 하였으므로 1 반, 2 반 대표를 제외한 모두와 경기를 한 것이다.

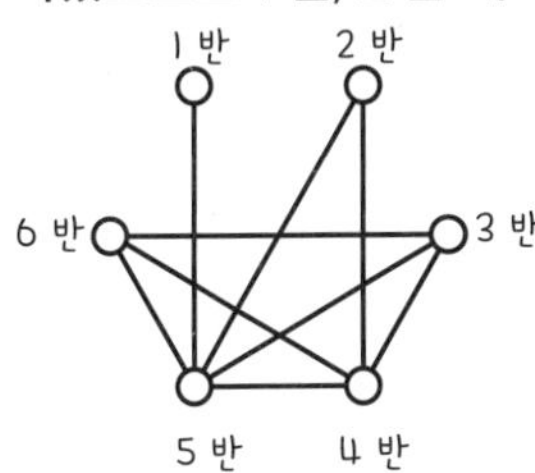

· 각 반 대표가 자신이 반 번호만큼 시합을 했으면 ③ 그림과 같은 상황이며 이 때 6 반 대표는 3 번 경기를 한 것이 된다.

점수에 따른 성취도 등급

등급	1등급	2등급	3등급	4등급	5등급	총점
평가	80 점 이상	60 점 이상 ~ 79 점 이하	40 점 이상 ~ 59 점 이하	20 점 이상 ~ 39 점 이하	19 점 이하	100 점

3 공간 / 도형 / 퍼즐

· 총 20 문제입니다. 각 평가표에 있는 기준별로 배점을 했습니다. / 단원 말미에서 성취도 등급을 확인하세요.

문 01
P. 38

문항 분석 및 평가표

⟶ 문항 분석 : 선대칭에 대한 이해수준을 평가하는 문항이다. 실생활에서 선대칭을 활용한 것들은 어떤게 있을 지 생각해보도록 합니다.

⟶ 평가표 :

정답 틀림	0점
정답 맞음	5점

정답 및 해설

⟶ 정답 :

⟶ 해설 : 구멍이 뚫린 접힌 종이를 아래와 같이 한 단계씩 펼쳐보도록 합니다.

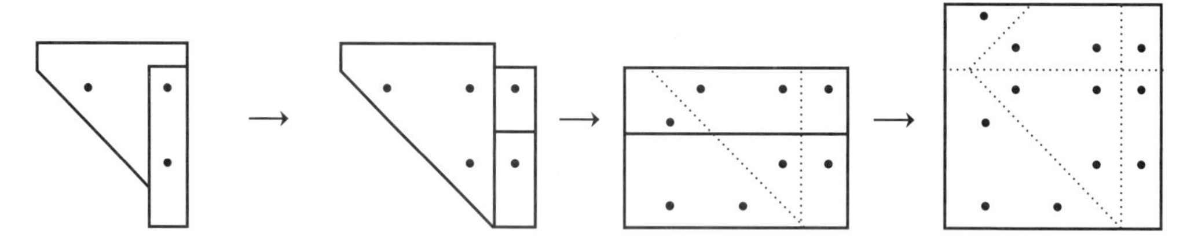

문항 분석 및 평가표

⟶ 문항 분석 : 조건에 따라 주어진 퍼즐을 풀어나가면서 공간지각력을 평가하는 문항이다.

⟶ 평가표 :

정답 틀림	0점
정답 맞음	5점

출제자 예시 답안

→

49	12	27	26	25	22	23
48	11	13	28	29	24	21
10	47	14	30	31	18	20
46	9	15	1	17	32	19
44	45	8	16	2	3	33
43	7	6	5	4	36	34
42	41	40	39	38	37	35

→ 해설 : · 부분별로 나누어서 확실한 것을 먼저 채워나간다.

① 3 과 6 이 연결되기 위해서는 4, 5 는 아래와 같은 경우뿐이다.

	1		
	16	2	3
6	5	4	

② 10, 12, 14 가 연결되기 위해 11, 13 은 아래와 같이 채울 수 있고, 48 의 앞, 뒤 숫자도 아래처럼 채우는 방법 밖에 없다.

49	12	
48	11	13
10	47	14

③ 40 과 44, 44 와 47, 6 과 10, 14 와 16 을 연결하기 위해서는 아래와 같이 채워야 한다.

10	47	14	
46	9	15	1
44	45	8	16
43	7	6	5
42	41	40	39

· ①, ②, ③ 의 과정을 거친 모습

49	12				22	
48	11	13				
10	47	14		31		
46	9	15	1			19
44	45	8	16	2	3	
43	7	6	5	4		
42	41	40				35

④ 16 과 19, 31 과 35, 35 와 40 을 연결하기 위한 방법은 다음과 같다.

(1)

14		31	18	
15	1	17	32	19
8	16	2	3	33
6	5	4	36	34
40	39	38	37	35

(2)

14		31	18	
15	1	17	32	19
8	16	2	3	33
6	5	4	34	36
40	39	38	37	35

(3)

14		31	18	
15	1	17	32	19
8	16	2	3	33
6	5	4	37	34
40	39	38	36	35

⑤ 마지막으로 19 와 22, 22 와 31 을 연결하기 위한 방법은 다음과 같다.

(1)

28	27	26	22	23
13	29	25	24	21
14	30	31	18	20
15	1	17	32	19

(2)

27	26	25	22	23
13	28	29	24	21
14	30	31	18	20
15	1	17	32	19

(3)

28	27	25	22	23
13	29	26	24	21
14	30	31	18	20
15	1	17	32	19

(4)

27	26	25	22	23
13	28	30	24	21
14	29	31	18	20
15	1	17	32	19

· 위와 같은 과정을 거쳐 정답을 얻을 수 있다.

문항 분석 및 평가표

⟶ 문항 분석 : 조건에 따라 주어진 퍼즐을 맞추는 문항으로 공간지각력을 평가한다.

⟶ 평가표 :

정답 틀림	0점
정답 맞음	4점

정답 및 해설

⟶ 정답 :

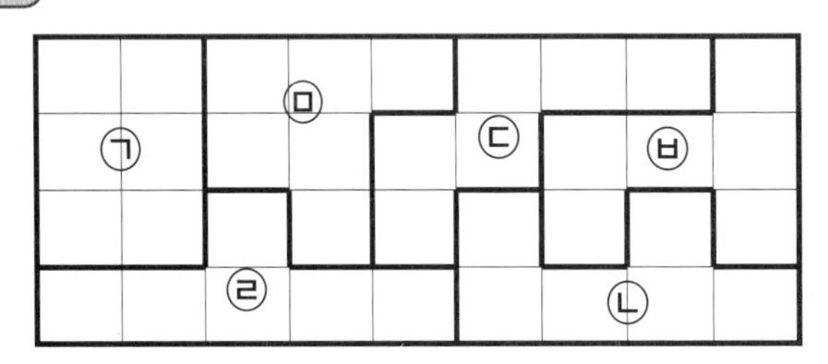

문 04
P.41

문항 분석 및 평가표

⟶ 문항 분석 : 공간지각력을 활용하여 각각의 전개도를 접었을 때 완성되는 모습을 생각해내는 문항이다.

⟶ 평가표 :

정답 틀림	0점
정답 맞음	5점

정답 및 해설

—> 정답 : ㉣

㉠, ㉡, ㉢, ㉤ 를 접은 모습

㉣ 을 접은 모습

문 05
P. 41

문항 분석 및 평가표

—> 문항 분석 : 정육면체의 전개도 종류를 그려보면서 입체도형에 대한 이해도와 공간지각력을 평가하는 문항이다.

—> 평가표 :

찾아낸 전개도 종류 0 개	0점
찾아낸 전개도 종류 1 개 이상 4 개 이하	2점
찾아낸 전개도 종류 5 개 이상 8 개 이하	3점
찾아낸 전개도 종류 9 개 이상 10 개 이하	4점
모든 종류의 전개도를 찾음	5점

정답 및 해설

—> 정답 :

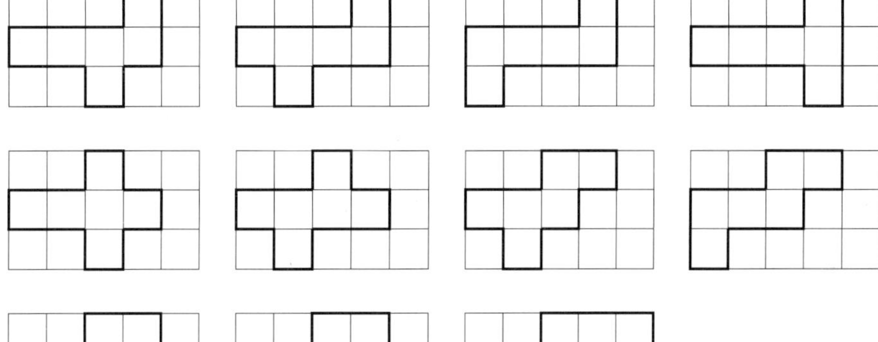

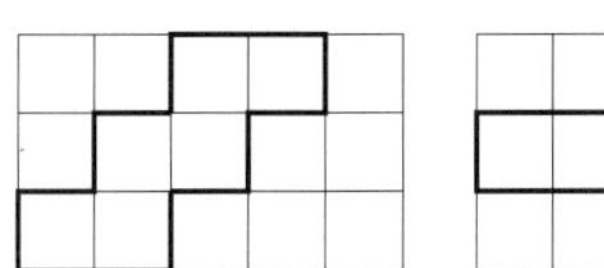

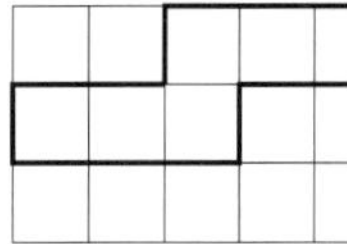

문 06
P. 42

문항 분석 및 평가표

—> 문항 분석 : 대각선에 대한 개념으로 사각형을 자르고 붙일 때 둘레가 최대가 될 수 있는 방법을 찾는 문항이다.

—> 평가표 :

정답 틀림	0점
정답 맞음	6점

정답및해설

⟶ 정답 : a) 윗 변의 왼쪽에서부터 1 cm 지점과 아랫 변의 오른쪽에서부터 1 cm 지점을 연결하는 직선으로 자른다.

b) 두 개의 사다리꼴로 자르고 난 후, 한 사다리꼴의 1 cm 길이의 변을 다른 사다리꼴에 어떻게 맞대더라도 둘레의 길이가 최대가 된다.

⟶ 해설 : a) 둘레의 길이가 최대가 되기 위해선 자르는 길이가 최대가 되어야 한다. 정사각형을 자를 때 가장 길게 자르는 방법은 대각선으로 자르는 방법이지만, 각 변의 길이가 1 cm 이상이 되어야 하므로 조건을 만족하면서 가장 길게 자르는 방법은 아래와 같다.

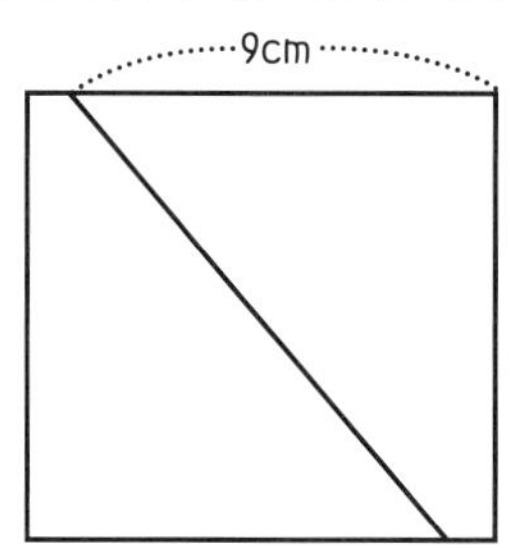

b) 한 사다리꼴의 1 cm 길이의 변을 다른 사다리꼴에 맞대면 둘레의 길이는 모두 같고 둘레의 길이는 최대가 된다. 각 예시들을 살펴보자.

<붙이는 방법 예시>

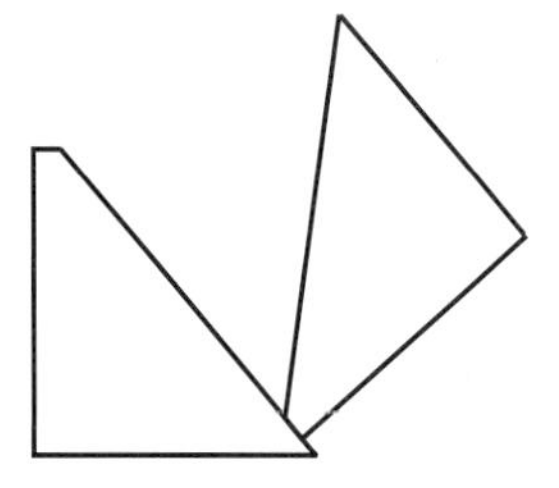
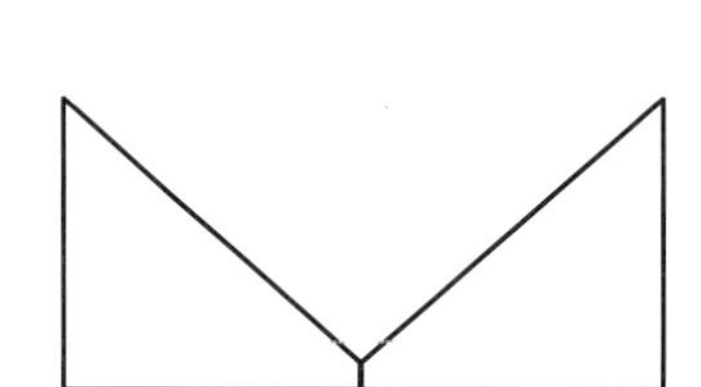
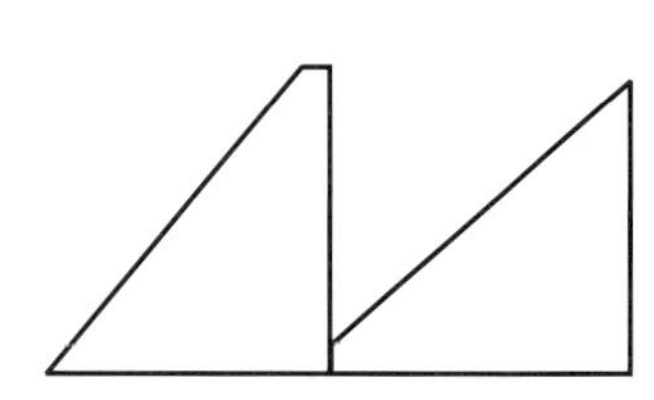

문 07
P. 43

문항 분석 및 평가표

⟶ 문항 분석 : 각 방향에서 바라본 모양을 보고 공간지각력을 활용하여 위에서 본 모양을 그리는 문항이다.

⟶ 평가표 :

정답 틀림	0점
정답 맞음	4점

정답및해설

⟶ 정답 : 빈 칸에 알맞은 도형 : ④

규칙 : ⓐ 사각형과 삼각형은 각자 꼭지점의 갯수(혹은 변의 갯수) 만큼 시계방향으로 가며, 한 번마다 색깔이 바뀐다.

ⓑ 원은 반시계방향으로 1 칸씩 간다.

ⓒ 화살표는 가르키는 방향으로 1 칸 전진 후 시계방향으로 90° 회전한다.

문항 분석 및 평가표

⟶ 문항 분석 : 각 방향에서 바라본 모양을 보고 공간지각력을 활용하여 위에서 본 모양을 그리는 문항이다.

⟶ 평가표 :

정답 틀림	0점
정답 맞음	5점

정답 및 해설

⟶ 정답 : 위에서 본 모양

⟶ 해설 : ① 앞에서 본 모양과 오른쪽에서 본 모양의 1 층의 색깔을 비교해서 생각하면 1 층의 정육면체들을 위에서 본 모양은 다음과 같다.

② 앞에서 본 모양과 오른쪽에서 본 모양의 2층의 색깔을 비교해서 생각하면 2 층의 정육면체들을 따로 빼서 위에서 본 모양은 다음과 같다.

③ 앞에서 본 모양과 오른쪽에서 본 모양의 3층의 색깔을 비교해서 생각하면 3 층의 정육면체들을 따로 빼서 위에서 본 모양은 다음과 같다.

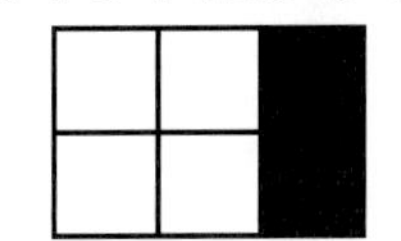

· 이 직육면체를 위에서 보면 ①, ②, ③ 을 합친 경우이다.

문항 분석 및 평가표

⟶ 문항 분석 : 테셀레이션에 대한 의미를 알고, 정다각형으로 가능한지 여부를 생각해보는 문항이다.

⟶ 평가표 :

정답 틀림	0점
정답 맞음	5점

정답 및 해설

⟶ 정답 : 3 가지(정삼각형, 정사각형, 정육각형)

⟶ 해설 : · 각 정다각형을 붙였을 때, 틈이 생기지 않아야 하므로 각 내각들의 합이 360° 가 될 수 있는지 파악한다.

① 정삼각형

· 정삼각형의 한 내각은 60° 이고, 360° 를 나눌 수 있으므로 테셀레이션이 가능하다.

② 정사각형

· 정사각형의 한 내각은 90° 이고, 360° 를 나눌 수 있으므로 테셀레이션이 가능하다

③ 정오각형

· 정오각형의 한 내각은 108° 이고, 이는 360° 를 나눌 수 없으므로 테셀레이션이 불가하다.

④ 정육각형

· 정육각형의 한 내각은 120° 이고, 360° 를 나눌 수 있으므로 테셀레이션이 가능하다.

⑤ 정육각형 이상의 정다각형

· 정육각형 이상의 정다각형은 한 내각의 크기가 120° 이상이다.

360 을 120 보다 큰 수로 나누면 가장 큰 몫은 2 인데, 이때 나눈 수는 180 이 된다.

내각의 크기가 180° 인 정다각형은 존재하지 않으므로, 테셀레이션이 가능한 정육각형 이상의 도형은 없다.

문항 분석 및 평가표

⟶ 문항 분석 : 성냥개비를 한 개씩 빼보면서 정사각형의 수가 어떻게 줄어드는지 판별해보는 문항이다.

⟶ 평가표 :

정답 틀림	0점
정답 맞음	4점

정답 및 해설

⟶ 정답 :

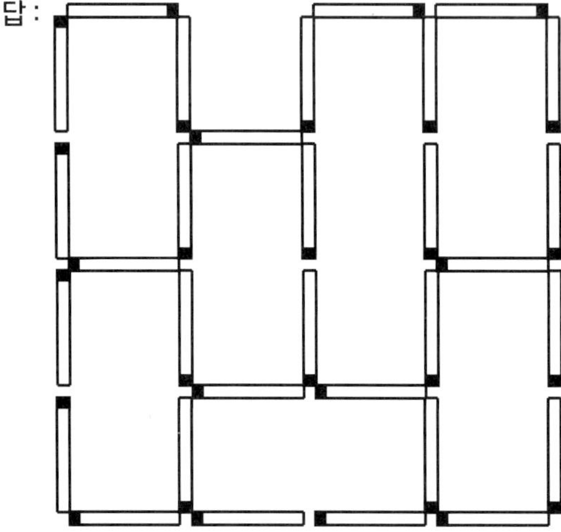

문 11
P.46

문항 분석 및 평가표

⟶ 문항 분석 : 모든 도형을 같은 방향으로 놨을 때를 생각해서 나머지와 다른 하나를 찾아내도록 한다. 부분부분 나눠서 돌렸을 때를 비교해보도록 하자.

⟶ 평가표 :

정답 틀림	0점
정답 맞음	6점

정답 및 해설

⟶ 정답 : 18 개

⟶ 해설 : 검은색 부분이 존재할 수 있는 부분이라 생각하자

① 1 층에 있는 정육면체를 추리해보자

ⓐ 앞에서 봤을 때 1 층에 가능한 정육면체

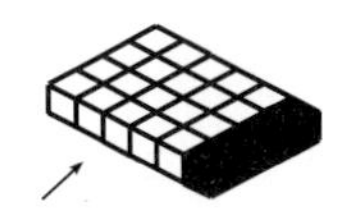

ⓑ 위에서 봤을 때 1 층에 가능한 정육면체

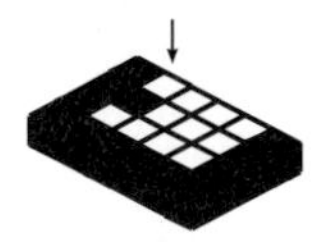

ⓒ 오른쪽에서 봤을 때 1 층에 가능한 정육면체

ⓐ, ⓑ, ⓒ 에 공통으로 포함된 1 층의 정육면체는 다음과 같다.

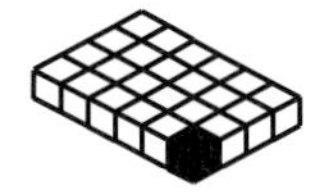

② 2 층에 있는 정육면체를 추리해보자

ⓐ 앞에서 봤을 때 2 층에 가능한 정육면체

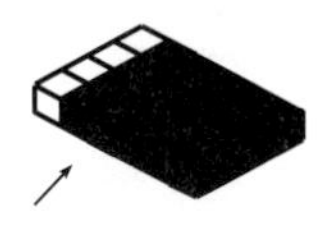

ⓑ 위에서 봤을 때 2 층에 가능한 정육면체

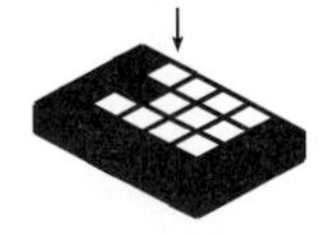

ⓒ 오른쪽에서 봤을 때 2 층에 가능한 정육면체

ⓐ, ⓑ, ⓒ 에 공통으로 포함된 2 층의 정육면체는 다음과 같다.

※ 나머지와 떨어져 있는 정육면체는 3 층과 연결된 부분이 없을 경우 없는 부분이 된다.

③ 3 층에 있는 정육면체를 추리해보자

ⓐ 앞에서 봤을 때 3 층에 가능한 정육면체

ⓑ 위에서 봤을 때 3 층에 가능한 정육면체

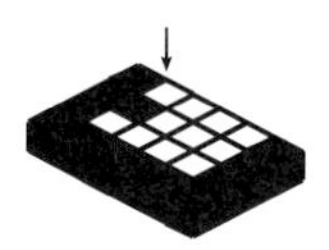

ⓒ 오른쪽에서 봤을 때 3 층에 가능한 정육면체

ⓐ, ⓑ, ⓒ 에 공통으로 포함된 3 층의 정육면체는 다음과 같다.

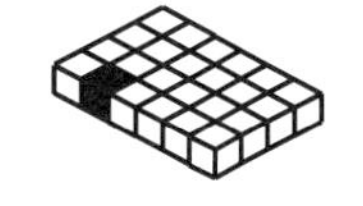

※ 2 층의 떨어진 부분과 연결된 부분이 없으므로
2 층에 있는 정육면체를 생각했을 때 나머지와 떨어진 정육면체는 없는 부분이다.

④ 4 층에 있는 정육면체를 추리해보자

ⓐ 앞에서 봤을 때 4 층에 가능한 정육면체

ⓑ 위에서 봤을 때 4 층에 가능한 정육면체

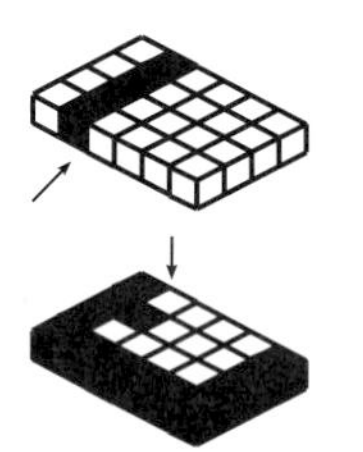

ⓒ 오른쪽에서 봤을 때 4 층에 가능한 정육면체

ⓐ, ⓑ, ⓒ 에 공통으로 포함된 4 층의 정육면체는 다음과 같다.

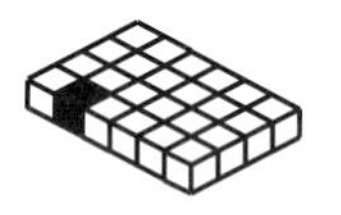

⑤ 5 층에 있는 정육면체를 추리해보자

ⓐ 앞에서 봤을 때 5 층에 가능한 정육면체

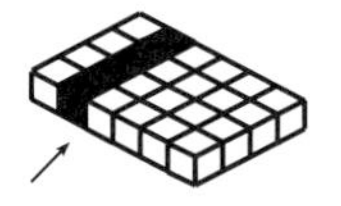

ⓑ 위에서 봤을 때 5 층에 가능한 정육면체

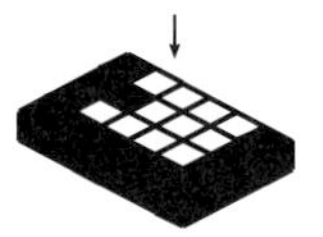

ⓒ 오른쪽에서 봤을 때 5 층에 가능한 정육면체

ⓐ, ⓑ, ⓒ 에 공통으로 포함된 5 층의 정육면체는 다음과 같다.

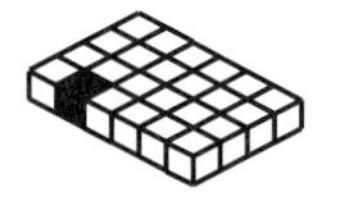

⑥ 6 층에 있는 정육면체를 추리해보자

ⓐ 앞에서 봤을 때 6 층에 가능한 정육면체

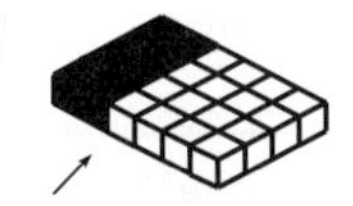

ⓑ 위에서 봤을 때 6 층에 가능한 정육면체

ⓒ 오른쪽에서 봤을 때 6 층에 가능한 정육면체

ⓐ, ⓑ, ⓒ 에 공통으로 포함된 6 층의 정육면체는 다음과 같다.

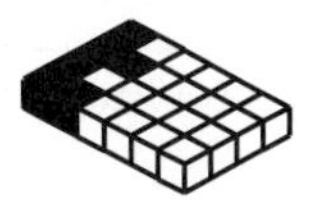

∴ 모든 층에 있는 정육면체를 모두 합치면 겨냥도가 나오며 정육면체의 갯수는 18 개이다.

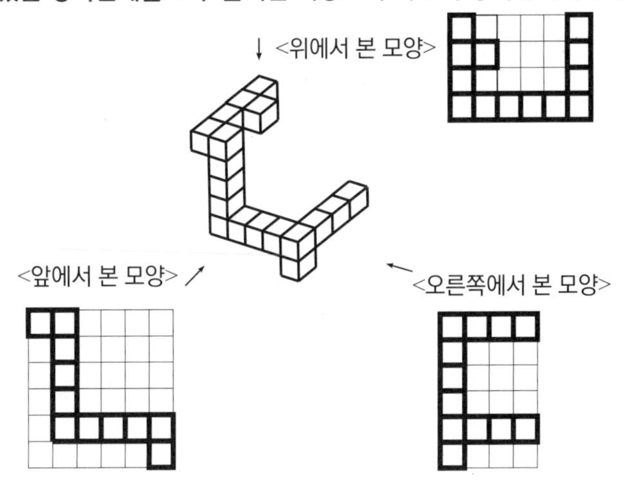

문 12
P. 47

문항 분석 및 평가표

⟶ 문항 분석 : 여러 가지 모양으로 그려보면서 방법을 생각해보자. 선분의 최소 갯수로 한붓그리기를 하는 방법은 한 가지만 있는 것은 아니다.

⟶ 평가표 :

①, ② 모두 틀림	0점
①, ② 중 한 개 맞음	2점
①, ② 모두 맞음	5점

정답 및 해설

⟶ 정답 : ① 다음과 같은 방법이 있다. 선분의 최소 갯수는 6 개이다.

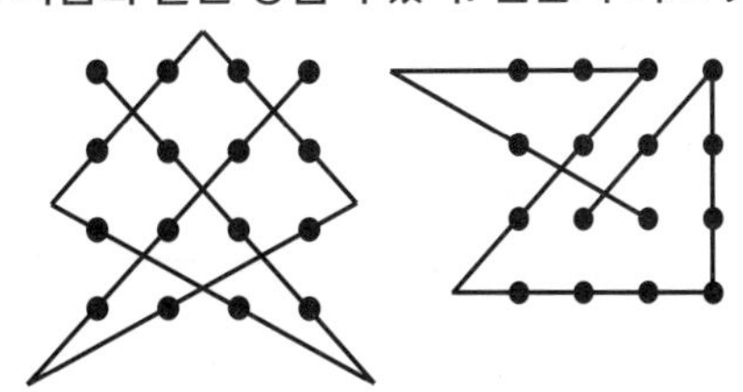

나선형으로 그릴 경우 선분의 갯수는 7 개가 필요하다.

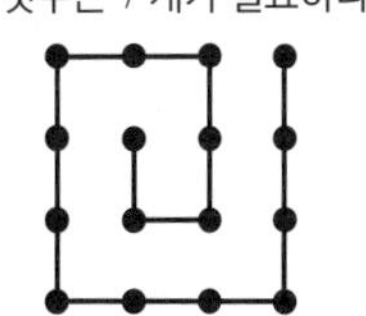

② 다음과 같은 방법이 있다. 선분의 최소 갯수는 8 개이다.

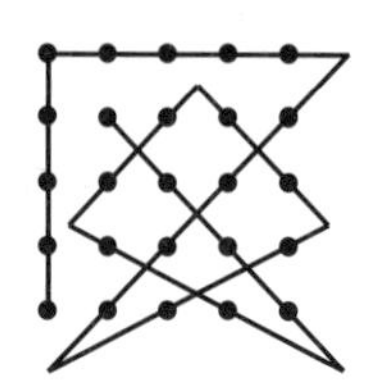

나선형으로 그릴 경우 선분의 갯수는 9 개가 필요하다.

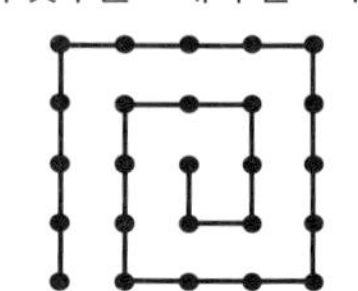

문 13
P. 48

문항 분석 및 평가표

⟶ 문항 분석 : 모든 도형을 같은 방향으로 놨을 때를 생각해서 나머지와 다른 하나를 찾아내도록 한다. 부분부분 나눠서 돌렸을 때를 비교해보도록 하자.

⟶ 평가표 :

정답 틀림	0점
정답 맞음	4점

정답 및 해설

⟶ 정답 : ㉣

⟶ 해설 : ㉠, ㉡, ㉢, ㉤ 를 같은 방향으로 회전 시킨 도형

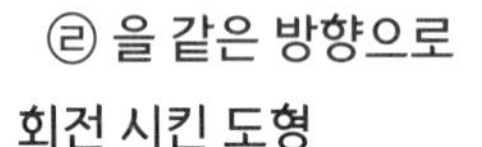

㉣ 을 같은 방향으로 회전 시킨 도형

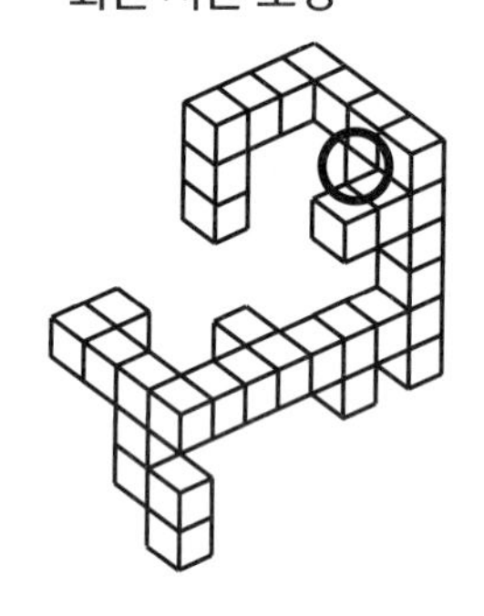

· 다른 부분은 같은 모양이나 ㉣ 은 다른 도형들에 비해 위의 동그라미 부분에 하나의 정육면체가 더 있다.

문 14
P. 49

문항 분석 및 평가표

⟶ 문항 분석 : 8 × 8 정사각형을 크기와 모양이 똑같은 4 조각으로 자르면 1 조각에는 16 칸이 들어간다. 큰 정사각형의 꼭짓점을 포함하는 칸에 별이 있으므로 각 조각은 큰 정사각형의 꼭짓점을 한 개씩 포함해야 한다.

⟶ 평가표 :

정답 틀림	0점
정답 맞음	6점

정답 및 해설

—> 정답 :

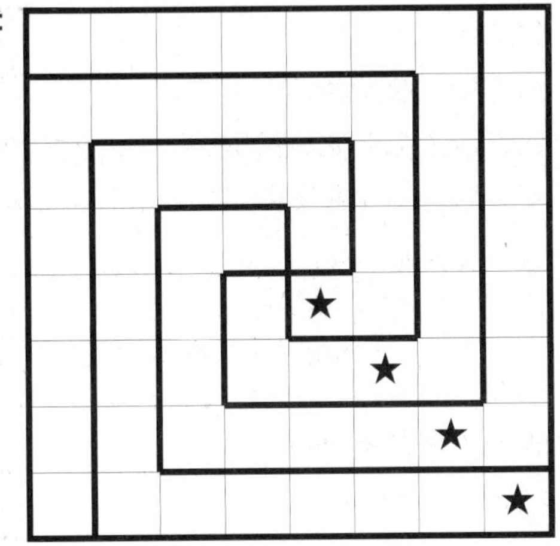

문 15
P. 50

문항 분석 및 평가표

—> 문항 분석 : 큰 정삼각형의 각 변의 합이 26 임을 이용하여 문자간의 관계를 잘 찾아보도록 한다. 1 ~ 12 까지의 숫자의 합은 78 이다. 뒤집거나 회전했을 때 같은 경우도 정답이다.

—> 평가표 :

정답 틀림	0점
정답 맞음	6점

출제자 예시 답안

—> 정답:

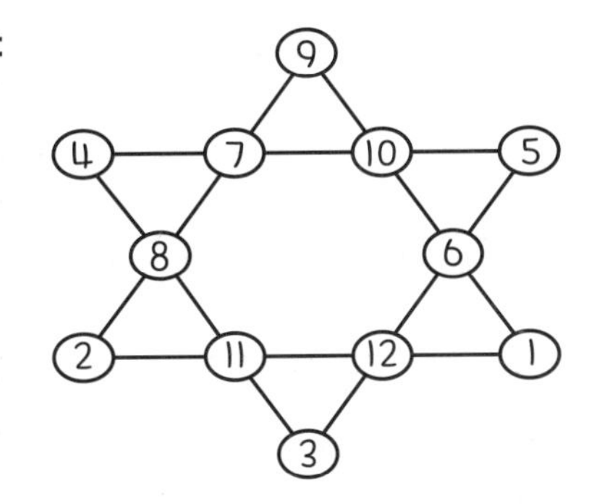

문 16
P. 51

문항 분석 및 평가표

—> 문항 분석 : 하나의 정사각형으로 부터 시작해서 그와 맞닿아 있는 정사각형들의 색을 생각해본다. 단순히 4 개 이상의 정사각형들은 모든 정사각형이 서로 맞닿아 있을 수 없다라고 생각해서 3 가지 색으로 답변하지 않도록 한다.

—> 평가표 :

정답 틀림	0점
정답 맞음	5점

정답 및 해설

⟶ 정답 : 4 가지

⟶ 해설 : · 필요한 색을 1, 2, 3, 4, ... 이라고 숫자로 표시해서 찾아보자.
가장 왼쪽 위의 정사각형을 1 로 칠했을 때, 서로 맞붙어있는 정사각형에 다른 색을 칠하기 위한 최소 색을 다음과 같다. (중간까지 완료한 경우)

오른쪽 위에 있는 정사각형 4 개 중 큰 정사각형을 봤을 때, 맞닿아 있는 정사각형들이 모두 다른 색이므로 새로운 4 라는 색이 필요하다.
∴ 조건에 맞게 모든 정사각형을 칠하기 위한 색은 최소 4 가지가 필요하다.

문 17
P. 52

문항 분석 및 평가표

⟶ 문항 분석 : 선분을 포함하는 직선으로 자르지 않는다면 총 선분의 길이는 변하지 않는다.

⟶ 평가표 :

정답 틀림	0점
정답 맞음	5점

정답 및 해설

⟶ 정답 : · 가장 왼쪽 선분의 위끝 점과 가장 오른쪽 선분의 아래끝 점을 잇는 직선으로 잘라서 다음과 같이 비스듬하게 붙인다.

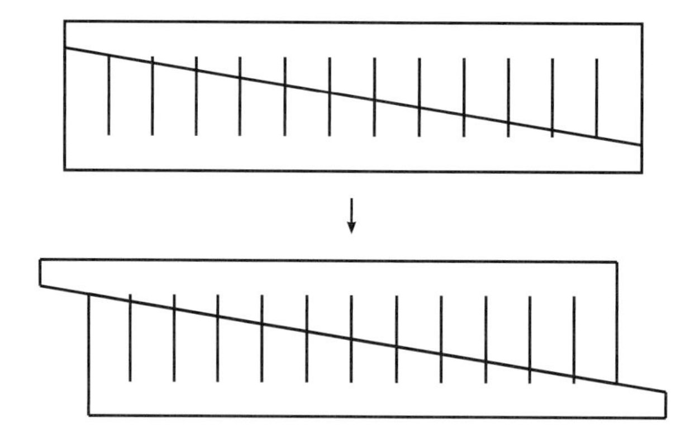

문항 분석 및 평가표

⟶ 문항 분석 : 선분을 포함하는 직선으로 자르지 않는다면 총 선분의 길이는 변하지 않는다.

⟶ 평가표 :

정답 틀림	0점
정답 맞음	5점

정답 및 해설

⟶ 정답 : 원판이 4 개 일 때 다른 기둥으로 전체를 옮기기 위한 최소 횟수 : 15 회
원판이 5 개 일 때 다른 기둥으로 전체를 옮기기 위한 최소 횟수 : 31 회
원판이 8 개 일 때 다른 기둥으로 전체를 옮기기 위한 최소 횟수 : 255 회

⟶ 해설 : · 원판이 3 개일 때 다른 기둥으로 전체를 옮기기 위한 최소 횟수는 <보기>의 7 회 이다.

ⓐ 원판이 4 개일 경우

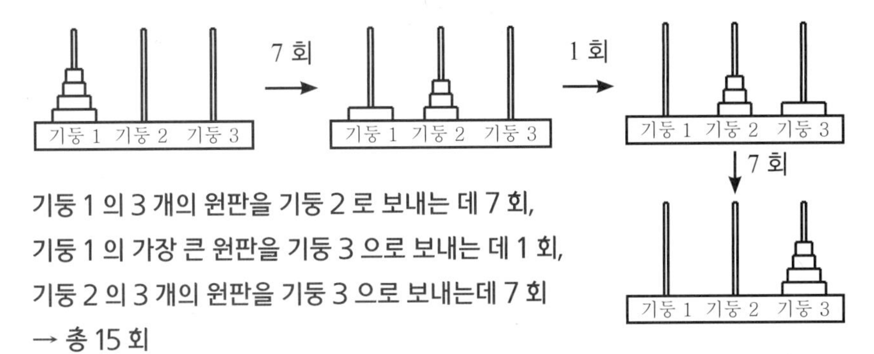

기둥 1 의 3 개의 원판을 기둥 2 로 보내는 데 7 회,
기둥 1 의 가장 큰 원판을 기둥 3 으로 보내는 데 1 회,
기둥 2 의 3 개의 원판을 기둥 3 으로 보내는데 7 회
→ 총 15 회

∴ 원판을 옮기는 횟수 = (한 개 적은 원판을 옮기는 횟수 × 2) + 1

ⓑ 원판이 5 개일 경우
위와 마찬가지 논리로 하면 15 회 + 1 회 + 15 회 이므로 총 31 회이다.

ⓒ 원판이 8 개일 경우
원판이 6 개일 경우는 63 회, 원판이 7 개일 경우는 127 회 이므로 총 255 회 이다.

문항 분석 및 평가표

⟶ 문항 분석 : 성냥개비를 움직이는 문제의 경우 문제를 접해본 경험이 중요하다. 성냥개비 4 개를 움직여서 정사각형 3 개를 만드는 것 뿐만 아니라 다른 방법으로도 만들 수 있는 방법을 생각해보도록 하자.

⟶ 평가표 :

정답 틀림	0점
정답 맞음	5점

정답 및 해설

—> 정답 : 회전한 다른 모양이 나올 수 있다.

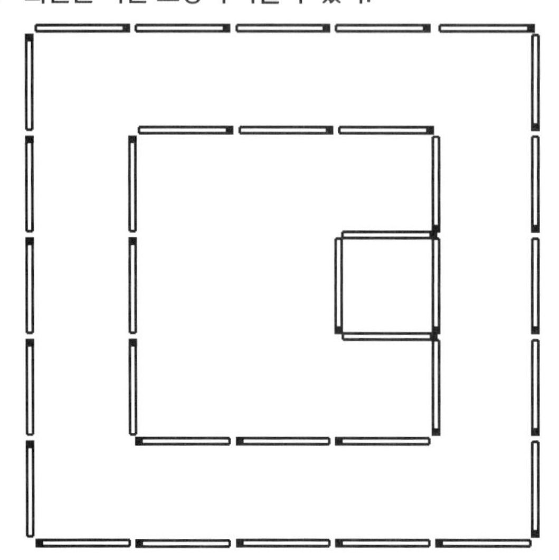

문항 분석 및 평가표

—> 문항 분석 : 성냥을 딱 3 개만 넘어갈 수 있으므로 양 끝의 성냥을 안쪽으로 움직이면 나중에 4 개의 묶음이 생기게 될 수 있다.

—> 평가표 :

정답 틀림	0점
정답 맞음	5점

정답 및 해설

—> 정답 : 무한이는 다음과 같은 방법으로 성냥을 옮겨 3 개씩 5 묶음을 만들었다.

· 먼저 왼쪽의 성냥부터 각각 성냥 1, 성냥 2, 성냥 3, ... , 성냥 15 라고 하자.

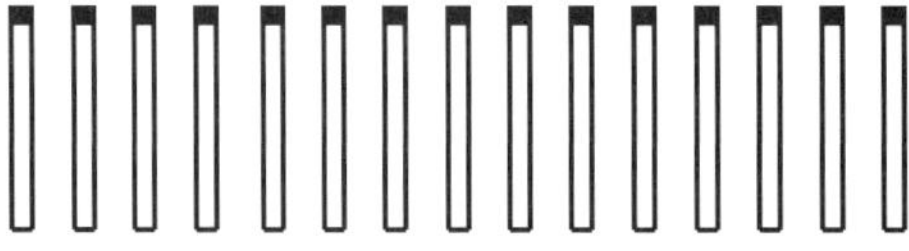

① 먼저 성냥 5 를 성냥 1 위로 올린다.

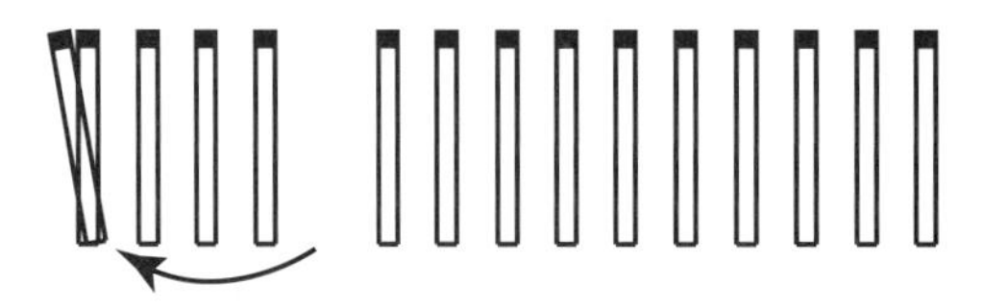

② 성냥 6 을 (성냥 1 + 성냥 5) 위로 올린다. (1 묶음 완료)

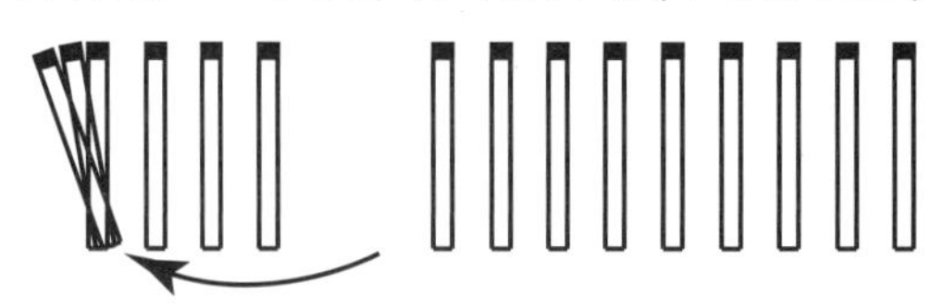

③ 성냥 9 를 성냥 3 위로 올린다.

④ 성냥 10 을 (성냥 3 + 성냥 9) 위로 올린다. (2 묶음 완료)

⑤ 성냥 4 를 성냥 2 위로 올린다.

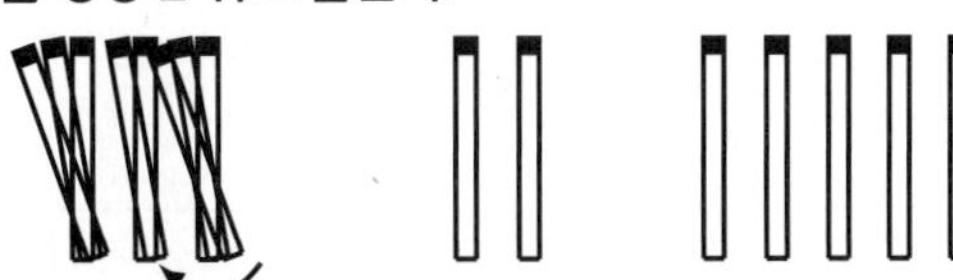

⑥ 성냥 8 을 성냥 14 위로 올린다.

⑦ 성냥 7 을 (성냥 14 + 성냥 8) 위로 올린다. (3 묶음 완료)

⑧ 성냥 11 을 (성냥 2 + 성냥 4) 위로 올린다. (4 묶음 완료)

⑨ 성냥 13 을 성냥 15 위로 올린다.

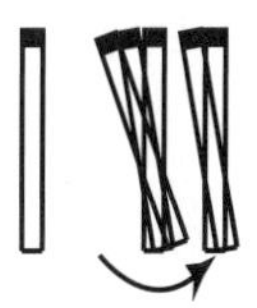

⑩ 성냥 12 를 (성냥 15 + 성냥 13) 위로 올린다. (5 묶음 완료)

점수에 따른 성취도 등급

등급	1등급	2등급	3등급	4등급	5등급	총점
평가	80 점 이상	60 점 이상 ~ 79 점 이하	40 점 이상 ~ 59 점 이하	20 점 이상 ~ 39 점 이하	19 점 이하	100 점

4 창의적 문제해결력 1 회

· 총 10 문제입니다. 각 평가표에 있는 기준별로 배점을 했습니다. / 단원 말미에서 성취도 등급을 확인하세요.

문항 분석 및 평가표

⟶ 문항 분석 : 기본적인 계산능력과 문항을 수식화하는 능력을 요구하며 그로인해 수학적인 유창성, 정교성을 평가하는 문항이다. 답뿐 아니라 풀이과정이 요구되므로 평소에 풀이과정을 꼼꼼히 써보는 연습이 필요하다.

⟶ 평가표 :

네 자리 자연수의 개수만 맞은 경우	3점
풀이과정과 개수가 모두 맞은 경우	5점

정답 및 해설

⟶ 정답 : 300 개

⟶ 풀이과정 :

1단계) 처음 네 자리 수를 $1000a + 100b + 10c + d = abcd$ 라고 하고 천의 자리 숫자와 일의 자리 숫자를 바꾼 수 를 $1000d + 100b + 10c + a = dbca$ 라고 하자.

2단계) 처음 네 자리 수에서 천의 자리 숫자와 일의자리 숫자를 바꾼 수를 빼면 6993 이므로

$$(1000a + 100b + 10c + d) - (1000d + 100b + 10c + a) = 6993$$

=> $999a - 999d = 6993$ 이다.

양 변을 999 로 나누어주면 $a - d = 7$ 이므로 이를 만족하는 한 자리 자연수 a, d 는 아래의 세 가지 경우이다.

① $(a, d) = (9, 2)$ ② $(a, d) = (8, 1)$ ③ $(a, d) = (7, 0)$

3단계) 이 a, d로 가능한 처음 네 자리 수는 9□□2, 8□□1, 7□□0 이고 각 □에는 0 부터 9 까지의 수가 가능하다. 따라서 이 조건을 만족하는 처음 네 자리 자연수는 7000 ~ 7990, 8001 ~ 8991, 9002 ~ 9992 총 300 개이다.

문항 분석 및 평가표

⟶ 문항 분석 : 자연수의 배수가 되기위한 조건을 생각하여 조건에 맞는 수의 쌍을 찾아내는 문항이다.

⟶ 평가표 :

정답 틀림	0점
정답 1 ~ 3 개 찾음	2점
정답 4 ~ 5 개 찾음	4점
정답 맞음	5점

정답 및 해설

—> 정답 :

	무한이	상상이
두 수의 쌍	14586	72930
	14658	73290
	15846	79230
	15864	79320
	18546	92730
	18654	93270

—> 해설 : · 상상이가 만든 수가 무한이가 만든 수 의 5 배이다 라는 조건에서 다음을 얻을 수 있다.

→ 무한이가 만든 수의 맨 앞자리 수는 1 이고, 상상이가 만든 수의 맨 앞자리 수는 7, 9 이다.
→ 상상이가 만든 수의 일의 자리 수는 0 이다.
ⓐ 맨 앞자리 수가 7 이고 일의 자리 수가 0 일 경우 상상이가 만들 수 있는 숫자
→ 72390 , 72930 , 73290 , 73920 , 79230 , 79320
위의 여섯 가지 숫자 중 주어진 조건을 모두 만족하는 수는 72930 , 73290 , 79230 , 79320 이 네 가지 경우이며 이 때 무한이가 만든 수는 순서대로 14586, 14658, 15846, 15864 이다.
ⓑ 맨 앞자리 수가 9 이고 일의 자리 수가 0 일 경우 상상이가 만들 수 있는 숫자
→ 92370 , 92730 , 93270 , 93720 , 97230 , 97320
위의 여섯 가지 숫자 중 주어진 조건을 모두 만족하는 수는 92730 , 93270 이 두 가지이며 이 때 무한이가 만든 수는 18547 , 18654 이다.

문항 분석 및 평가표

—> 문항 분석 : 공간지각력과 내각, 합동의 개념을 이용하여 완성된 도형을 생각해보는 문항이다.

—> 평가표 :

(1), (2) 둘 다 틀림	0점
(1) 정답, (2) 틀림	2점
(1) 틀림, (2) 정답	3점
(1), (2) 둘 다 정답	5점

정답 및 해설

—> 정답 : (1) 12 개 (2) 큰 정십이각형의 중심에 작은 정십이각형 모양의 구멍이 뚫려 있는 도형

—> 해설 : (1) 내각의 크기가 30° 인 꼭지점을 기준으로 붙여나가고 있으므로 1 개를 붙일 때마다 각은 30° 씩 늘어나고 있는 것을 볼 수 있다. 따라서 겹치지 않도록 붙여나가면 최대 360° 까지 붙여나갈 수 있으며 이 때 삼각형의 갯수는 12 개이다.

(2) 최대한 붙였을 때 완성된 도형은 다음과 같다.

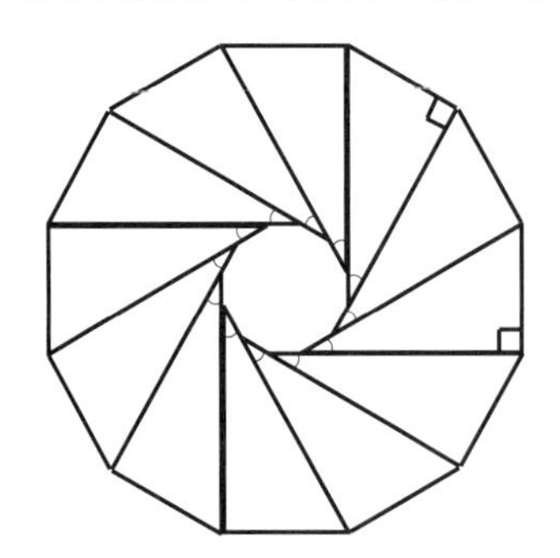

문항 분석 및 평가표

—> 문항 분석 : 조건에 맞게 논리적으로 계산식을 세워 평균 속력을 구하는 문항이다.

—> 평가표 :

정답 틀림	0점
정답 맞음	5점

정답 및 해설

—> 정답 : 55 m/분

—> 해설 : · 무한이의 평균속력이 45 m/분 이므로 총 8 분 동안 무한이는 360 m 걸어갔다.

· 400 m 원형트랙을 서로 반대 방향으로 걸어갔을 때, 8 분 동안 두 번 만났으므로 무한이와 상상이가 걸은 길이의 합은 800 m 이다.

· 상상이는 8 분 동안 440 m 걸은 것이 되며, 평균속력은 55 m/분 이다.

※수식을 이용한 해설

· 무한이가 상상이와 처음 만난 뒤 두 번째로 만나기 전까지 움직인 거리를 a 라고 하자.

그러면 상상이가 무한이와 처음 만난뒤 두번째로 만나기 전까지 움직인 거리는 400 − a 이다.

· 따라서 평균속력에 대한 식은 아래와 같다.

무한이의 평균속력 = 45 m/분 = $\frac{(120 + a)\ m}{(3 + 5)\ 분}$ 상상이의 평균속력 = $\frac{\{280 + (400 - a)\}\ m}{(3 + 5)\ 분}$

무한이의 평균속력 식을 계산하면 a = 240 이고, 따라서 상상이의 평균속력은 55 m/분 이다.

문항 분석 및 평가표

⟶ 문항 분석 : 각각 맞춘 문항 수에 대한 경우의 수를 따져 점수를 구하는 문항이다. 표를 이용하는 것이 효과적이다.

⟶ 평가표 :

정답 틀림	0점
정답 맞음	5점

정답 및 해설

⟶ 정답 : 10 점

⟶ 해설 : · 같은 문항을 둘 다 맞춘 것이 몇 문항일지로 나누어 생각한다.

· 둘 다 맞춘 문항과 둘 다 틀린 문항을 제외한 나머지 문항들 중에서 영재가 50 점을 얻기 위해선 각각 몇 문항씩 맞춰야 하는지 계산한다.

· 영재가 맞춘 총 문항 수와 알탐이가 틀린 총 문항 수가 같으므로 둘 다 맞춘 문항은 10 개 이하이다.

위의 내용을 표로 나타내면 다음과 같다.

	둘 다 맞춘 문항	둘 다 틀린 문항	영재만 맞춘 문항 수	영재만 틀린 문항 수	영재의 점수	알탐이의 점수	영재가 50 점이 되기 위한 n 의 값	
문항 수	0 개	2 개	n 개	18 - n 개	5 n - 18 점	72 - 5 n	영재 50 점 불가	
	1 개	2 개	n 개	17 - n 개	5 n - 14 점	71 - 5 n	영재 50 점 불가	
	2 개	2 개	n 개	16 - n 개	5 n - 10 점	70 - 5 n	n = 12	……①
	3 개	2 개	n 개	15 - n 개	5 n - 6 점	69 - 5 n	영재 50 점 불가	
	4 개	2 개	n 개	14 - n 개	5 n - 2 점	68 - 5 n	영재 50 점 불가	
	5 개	2 개	n 개	13 - n 개	5 n + 2 점	67 - 5 n	영재 50 점 불가	
	6 개	2 개	n 개	12 - n 개	5 n + 6 점	66 - 5 n	영재 50 점 불가	
	7 개	2 개	n 개	11 - n 개	5 n + 10 점	65 - 5 n	n = 8	……②
	8 개	2 개	n 개	10 - n 개	5 n + 14 점	64 - 5 n	영재 50 점 불가	
	9 개	2 개	n 개	9 - n 개	5 n + 18 점	63 - 5 n	영재 50 점 불가	
	10 개	2 개	n 개	8 - n 개	5 n + 22 점	62 - 5 n	영재 50 점 불가	

① 영재가 맞춘 총 문항수는 14 개이고, 알탐이가 틀린 총 문항수는 14 개 이므로 모든 조건을 만족한다.

② 영재가 맞춘 총 문항수는 15 개 이고, 알탐이가 틀린 총 문항수는 10 개 이므로 조건을 만족하지 않는다.

· 따라서 모든 조건을 만족하는 것은 둘 다 맞춘 문항이 2 개일 경우이고 이때 알탐이의 점수는 10 점이다.

문 06
P. 62

문항 분석 및 평가표

⟶ 문항 분석 : 주어진 조건에 맞게 두 통의 물의 양이 같아지는 시간을 구해본다.

⟶ 평가표 :

정답 틀림	0점
정답 맞음	4점

정답 및 해설

⟶ 정답 : 40 분

⟶ 해설 : · B 호스는 연결한 통에는 15 분 후 부터 물을 받을 수 있으므로 이 15 분 동안 A 호스를 연결한 통에는 75 L 의 물이 받아지게 된다.

· A 호스는 1 분에 5 L 씩, B 호스는 1 분에 8 L 씩 물을 받을 수 있으므로, 용량의 차이는 1 분에 3 L 씩 나게 된다.

따라서 75 L 의 차이는 B 호스가 물이 나오는 시점에서 25 분이 지나면 없어지게 된다.

즉, 두 통의 물의 양이 같아지는 시점은 연결하고 40 분이 지난 후가 된다.

수식) A 호스로 t 분 받은 물의 양과 B 호스로 t − 15 분 받은 물의 양이 같으므로 식은 다음과 같다.

$5t = 8(t - 15) \quad \rightarrow \quad t = 40$

문 07
P. 62

문항 분석 및 평가표

⟶ 문항 분석 : 총 제품을 대상으로 한 불량률을 계산하여 확률의 개념을 이용해서 문제를 해결한다.

⟶ 평가표 :

정답 틀림	0점
정답 맞음	4점

정답 및 해설

⟶ 정답 : 27 개

⟶ 해설 : · 제품의 갯수와 불량률을 계산했을 때, 펜 중 불량품은 104 개, 연필 중 불량품은 92 개, 화이트 중 불량품은 52 개, 커터칼 중 불량품은 18 개, 지우개 중 불량품은 220 개, 공책 중 불량품은 54 개 이다.

· 이날 만든 제품의 총 갯수는 20000 개이고, 그 중 불량품의 총 갯수는 540 개 이므로 총 제품대비 불량률은 2.7 % 이다. 따라서 총 제품 중 무작위로 1000 개를 뽑으면 그 중 불량품은 27 개가 나온다고 생각할 수 있다.

문 08
P.63

문항 분석 및 평가표

⟶ 문항 분석 : 삼각형의 닮음비를 이용하여 문제의 식이 어떤 선분과 같은 지 생각해 보자.

⟶ 평가표 :

정답 틀림	0점
정답 맞음	7점

정답 및 해설

⟶ 정답 :

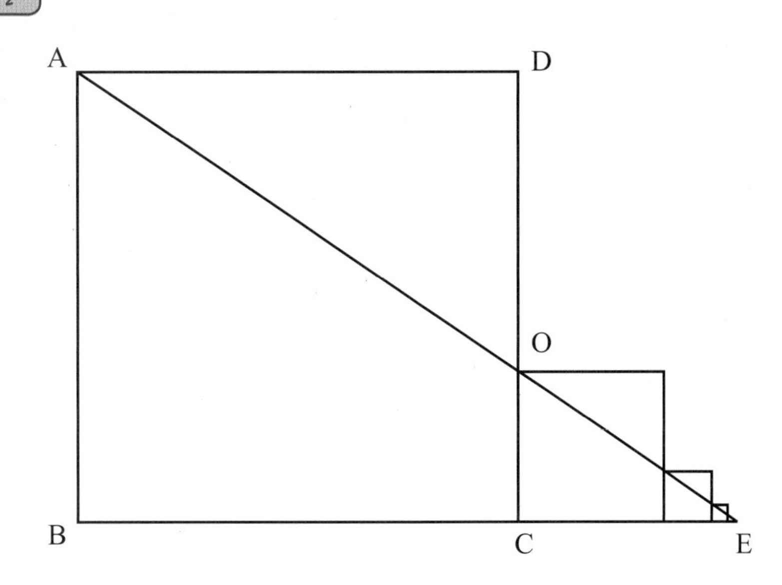

· 정사각형 ABCD 의 한 변의 길이는 1 이다.

· 옆에 붙여나가는 정사각형의 한 변의 길이는 그 직전 정사각형의 한 변의 길이의 $\frac{1}{3}$ 배 이다. 이러한 정사각형들을 계속 붙여나간다.

· 점 A 와 점 O 를 잇는 직선과 점 B 와 점 C 를 잇는 직선이 만나는 점을 점 E라 한다.

· 삼각형 AOD 와 삼각형 EOC 는 닮음이다. (AA 닮음)

· 선분 CE의 길이는 $\frac{1}{3}+\frac{1}{9}+\frac{1}{27}+\frac{1}{81}+\cdots$ 이다.

· 두 삼각형이 닮음이기 때문에 선분 DO : 선분 OC = 2 : 1 이므로 선분 AD : 선분 CE = 2 : 1 이다.

· 선분 AD 의 길이가 1 이므로 선분 CE의 길이는 $\frac{1}{2}$ 이다.

· 따라서 선분 CE의 길이 = $\frac{1}{3}+\frac{1}{9}+\frac{1}{27}+\frac{1}{81}+\cdots=\frac{1}{2}$

문항 분석 및 평가표

⟶ 문항 분석 : 비례식의 개념을 이용하여 삼각형의 넓이를 한 문자로 표현해보는 문항이다.

⟶ 평가표 :

정답 틀림	0점
정답 맞음	6점

정답 및 해설

⟶ 정답 : 15 S

⟶ 해설 : 선분 BD : 선분 CD = 2 : 1 이므로 △ OBD 의 넓이 : △ ODC 의 넓이 = 2 : 1 이다.

따라서 △ ODC 의 넓이는 2 S 이다.
선분 CE : 선분 AE = 3 : 4 이므로 위와 마찬가지로 △ OCE 의 넓이를 3 X 라고 하면 △ OEA 의 넓이는 4 X 이다.
△ OFB 의 넓이를 Y , △ OFA 의 넓이를 Z 라고 하자.

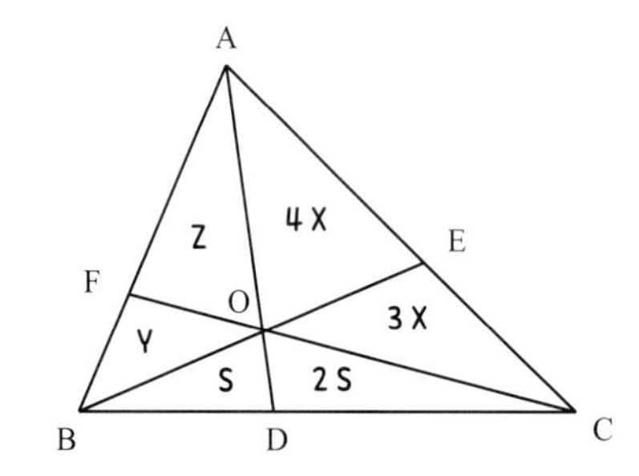

삼각형들의 넓이로 비례식을 세우면 다음과 같다.

- $1 : 2 = (S + Y + Z) : (2S + 3X + 4X)$ .... ①
- $3 : 4 = (3X + 2S + S) : (4X + Z + Y)$ .... ②
- $Z : Y = (Z + 4X + 3X) : (Y + S + 2S)$ .... ③

각 비례식을 정리하면 다음을 얻을 수 있다.

- $2(Y + Z) = 7X$ .... ④
- $Y + Z = 4S$ .... ⑤
- $7XY = 3SZ$ .... ⑥

④ 과 ⑤ 의 식 에서 $8S = 7X$ 를 얻을 수 있으므로 $X = \frac{8}{7}S$ 이다.
이를 ⑥ 식에 넣으면 $8Y = 3Z$ 를 얻을 수 있고 이를 각각 ⑤ 식에 대입해보면
$Y = \frac{12}{11}S$, $Z = \frac{32}{11}S$ 를 얻을 수 있다.

따라서 △ ABC 의 넓이 = $S + 2S + 3X + 4X + Z + Y$ 인데, 이를 S 로 표현하면 15 S 이다.

문항 분석 및 평가표

⟶ 문항 분석 : 공간지각력을 활용하여 색이 칠해지지 않은 도형은 어떠한 모양일지 생각해보는 문항이다.

⟶ 평가표 :

정답 틀림	0점
정답 맞음	6점

정답 및 해설

⟶ 정답 : (1) 7 개 (2) 40 개

⟶ 해설 : (1) 3 단계 도형의 색이 칠해지지 않은 나무블럭의 모양은 다음과 같다.

(2) 4 단계 나무블럭 도형과 4 단계 도형의 색이 칠해지지 않은 나무블럭의 모양은 다음과 같다.

< 4 단계 >

4 단계 내부의 도형

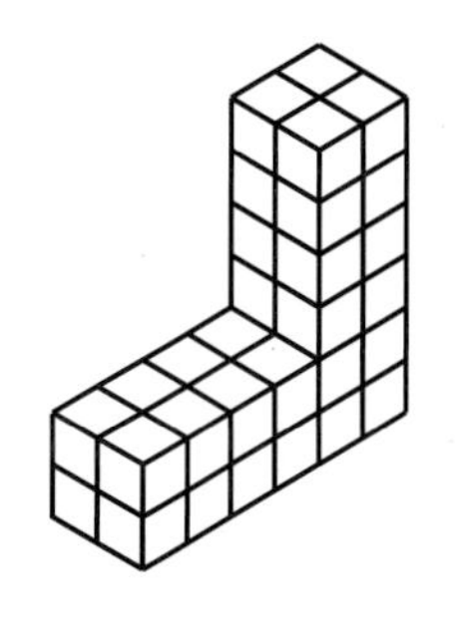

점수에 따른 성취도 등급

등급	1등급	2등급	3등급	4등급	5등급	총점
평가	40 점 이상	30 점 이상 ~ 39 점 이하	20 점 이상 ~ 29 점 이하	10 점 이상 ~ 19 점 이하	9 점 이하	52 점

4 창의적 문제해결력 2 회

· 총 10 문제입니다. 각 평가표에 있는 기준별로 배점을 했습니다. / 단원 말미에서 성취도 등급을 확인하세요.

문항 분석 및 평가표

⟶ 문항 분석 : 문제의 상황은 한붓그리기가 가능한지 불가능한지를 판단하는 문제이다. 한붓그리기는 홀수점이 0 개 또는 2 개 일 경우에만 가능하다.

⟶ 평가표 :

정답 틀림	0점
정답은 맞으나 이유가 타당하지 않음	2점
정답 맞고 이유가 타당함	5점

정답 및 해설

⟶ 정답 : 같은 다리를 두 번 건너지 않고 일곱 개의 다리를 모두 건널 수 없다.

이유 : A, B, C, D 를 점으로 놓고 다리를 각 점을 잇는 선분으로 생각해 보자. 다리를 한 번씩만 건너서 모든 점을 지나는 것은 한붓그리기와 같은 내용이다. 한붓그리기가 가능하려면 홀수점의 개수가 0 개 또는 2 개여야한다. A, B, C, D 는 모두 홀수점이므로 한붓그리기가 가능하지 않다. 따라서 같은 다리를 두 번 건너지 않으면서 모든 다리를 건널 수 없다.

⟶ 해설 : 홀수점 : 한 꼭지점에 대해 이어진 선분의 개수가 홀수인 점.

짝수점 : 한 꼭지점에 대해 이어진 선분의 개수가 짝수인 점.

문항 분석 및 평가표

⟶ 문항 분석 : 첫째 자리나 일의 자리 등과 같이 비교적 알기 쉬운 문자부터 차근차근 맞춰나가보자. 네 자리 수의 합이므로 h 는 2 이상이 될 수 없다.

⟶ 평가표 :

정답 틀림	0점
정답 맞음	5점

정답 및 해설

⟶ 정답 :

문자	a	b	c	d	e	f	g	h	i
수	8	9	3	2	6	5	4	1	7

⟶ 해설 : · 조건에서 $e = 6$ 이고, h i f a e 가 다섯 자리 수가 되기 위해선 $h = 1$ 일 수 밖에 없다.

· ㉠ 식에서 $d + g$ 의 일의 자리 수는 6 이고, ㉡ 식에서 $cd - g$ 의 일의 자리 수는 a 이다.
㉠ 식의 결과가 다섯 자리 수가 되려면 $a \geq 5$ 이다.(a 로 가능한 수 : 5, 7, 8, 9)
이를 만족하는 $(d, g) = (7, 9)$ 또는 $(2, 4)$ 이다.

① (d, g) = (7, 9) 인 경우

㉠ 식에서 a = 8 이므로 i 는 6 또는 7 이지만 e = 6 이고, d = 7 이므로 겹치게 된다. (모순)

② (d, g) = (2, 4) 인 경우

㉠ 식에서 a = 8 이므로 i 는 6 또는 7 이다. e = 6 이므로 i = 7 이다.

· 남은 수는 3, 5, 9 이고, ㉠ 식에서 c + f 의 일의 자리 수는 a = 8 이다.
따라서 (c, f) 는 (3, 5) 또는 (5, 3) 이고 ㉡ 식을 만족하기 위해서는 (c, f) = (3, 5) 이다
남은 b 는 9 이고, 대입해서 풀어보면 두 식을 모두 성립하게 할 수 있다.

문항 분석 및 평가표

⟶ 문항 분석 : 가로, 세로 각 한 번씩 접어나갈 때, 정사각형의 모양이 어떤 규칙으로 변해가는지 생각하고, 정사각형의 크기별로 정사각형의 수를 생각해보자.

⟶ 평가표 :

정답 틀림	0점
정답 맞음	4점

정답 및 해설

⟶ 정답 : 204 개

⟶ 해설 : 정사각형 종이를 가로, 세로로 각각 두번, 세번 접은 모양은 아래와 같다.

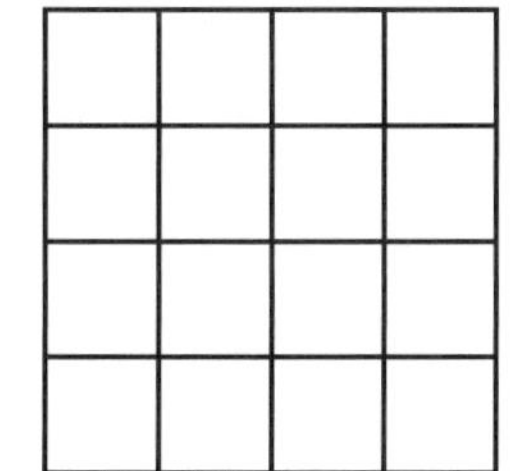
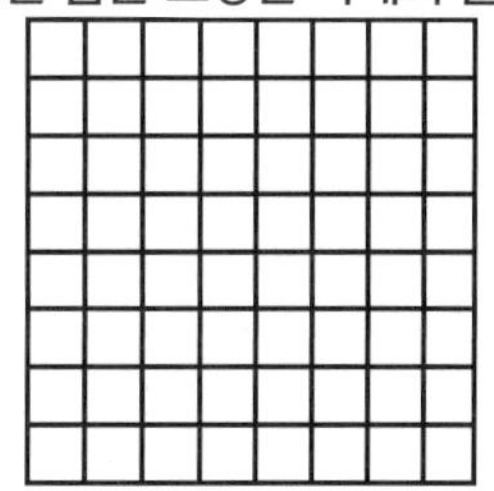

이 정사각형 종이의 모양에서 정사각형을 찾는 방법은 아래의 예시와 같다.

㉠ 2 × 2 정사각형의 개수

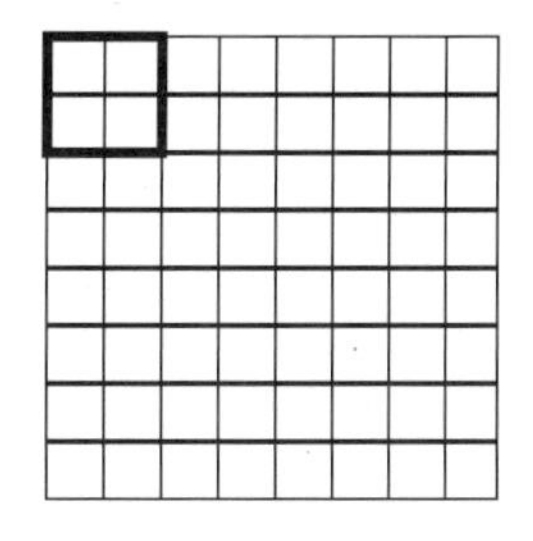
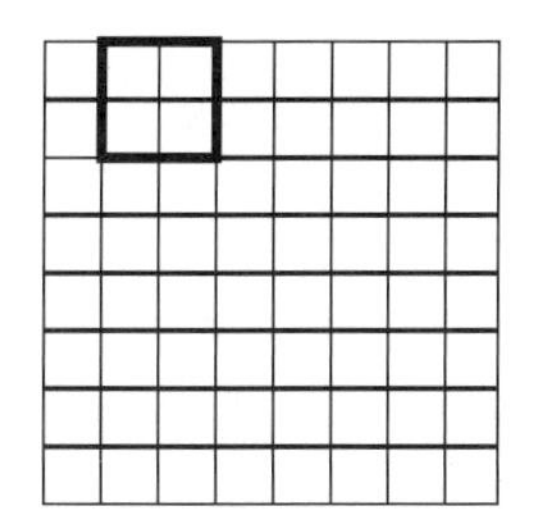
....
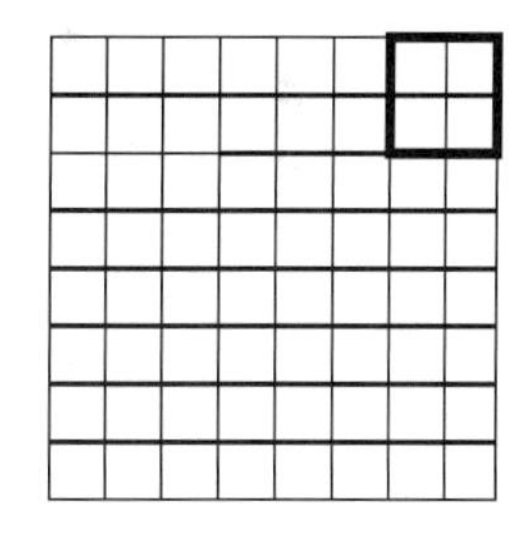

가로로 7 개가 들어가고 세로도 마찬가지로 7 개가 들어가므로 7 × 7 = 49 개

㉡ 3 × 3 정사각형의 개수

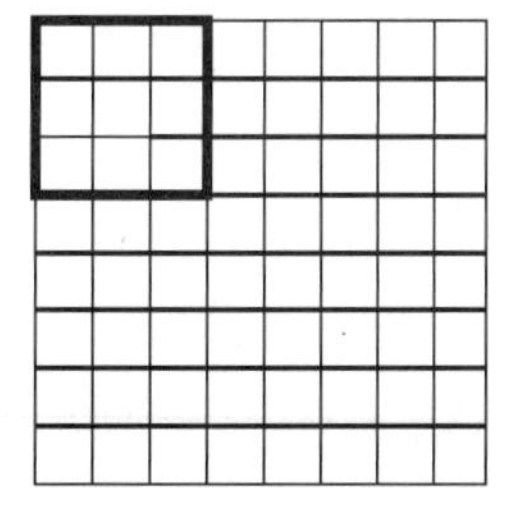
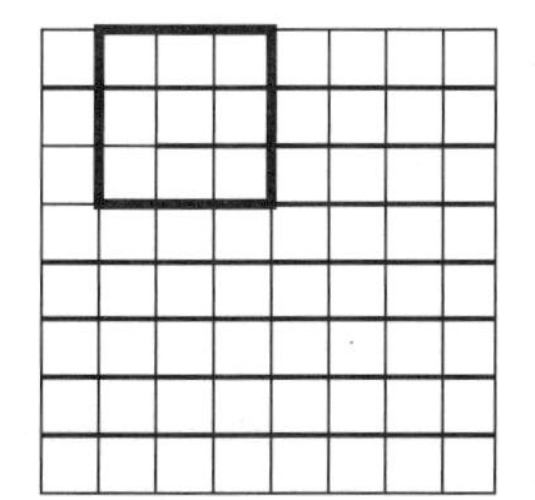

....
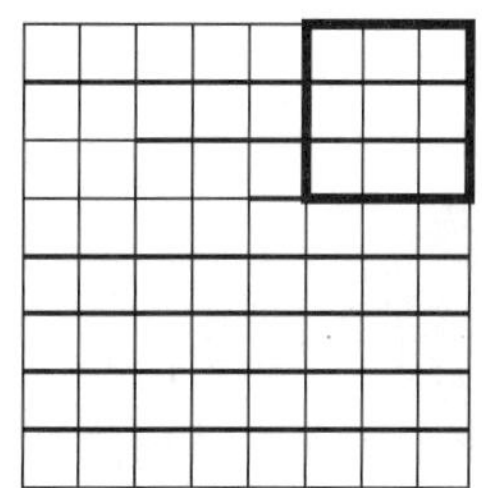

가로로 6 개가 들어가고 세로도 마찬가지로 6 개가 들어가므로 $6 \times 6 = 36$ 개

∴ 가로, 세로로 각 세 번씩 접은 정사각형에서 1×1 정사각형부터 8×8 정사각형까지 갯수를 찾으면 다음과 같다.

1×1 정사각형 - 64 개, 2×2 정사각형 - 49 개, 3×3 정사각형 - 36 개

4×4 정사각형 - 25 개, 5×5 정사각형 - 16 개, 6×6 정사각형 - 9 개

7×7 정사각형 - 4 개, 8×8 정사각형 - 1 개 → 총 204 개

문항 분석 및 평가표

⟶ 문항 분석 : 한 명이 가위, 바위, 보 세 가지 경우를 낼 수 있으므로 4 명이 가위바위보 게임을 할 때 나올 수 있는 총 경우의 수는 $3 \times 3 \times 3 \times 3 = 243$ 가지가 나올 수 있다. 무한이가 이기는 경우를 나눠서 생각해보자. 4 명이 비기는 경우는 승자가 없는 것이다.

⟶ 평가표 :

정답 틀림	0점
정답 맞음	4점

정답 및 해설

⟶ 정답 : $\frac{7}{81}$

⟶ 해설 : 무한이는 ① 가위로 이길 경우 ② 바위로 이길 경우 ③ 보로 이길 경우 , 이 세 가지 경우로 이길 수 있다.

① 무한이가 가위를 냈을 때 나머지 세 명이 가위 또는 보를 내는 경우

무한	상상	알탐	영재	승자
가위	가위	가위	가위	없음
	가위	가위	보	무한, 상상, 알탐
	가위	보	가위	무한, 상상, 영재
	보	가위	가위	무한, 알탐, 영재
	가위	보	보	무한, 상상
	보	가위	보	무한, 알탐
	보	보	가위	무한, 영재
	보	보	보	무한

무한이를 제외한 세 명이 모두 가위를 내는 경우만 빼면 나머지는 모두 무한이가이기는 경우가 된다.

②, ③ 의 경우도 ① 과 마찬가지로 이기는 경우의 수는 7 가지씩 나오게 되므로 무한이가 총 이기는 경우의 수는 $7 \times 3 = 21$ 가지 이다.

4 명이 가위바위보를 할 때 나올 수 있는 총 경우의 수는 $3 \times 3 \times 3 \times 3 = 243$ 가지이므로 무한이가 이길 확률은 $\frac{21}{243} = \frac{7}{81}$ 이다.

문항 분석 및 평가표

⟶ 문항 분석 : 물이 흐르지 않는 곳에서는 배의 속력이 그대로 일정하지만 물이 흐르고 있다면 배의 속력은 물의 속력에 영향을 받아 달라지게 된다.

→ 평가표 :

정답 틀림	0점
정답 맞음	5점

정답 및 해설

→ 정답 : 12 m/s

→ 해설 : 배의 속력을 v , 상류에서 하류로 내려올 때 걸린 시간을 t 라 하자.

강의 속력이 4 m/s 이므로 하류에서 상류로 거슬러 올라갈 때 배의 속력은 $v - 4$
상류에서 하류로 내려올 때 배의 속력은 $v + 4$ 이다
내려올 때와 올라갈 때 이동 거리는 같고 이동거리를 L 이라하면 식은 다음과 같다.

$$L = (v - 4) \times 2t$$
$$= (v + 4) \times t$$
$$\therefore 2(v - 4) = (v + 4) \rightarrow v = 12\ (m/s)$$

문 16
P. 70

문항 분석 및 평가표

→ 문항 분석 : 정육각형의 중심을 지나는 대각선을 모두 그으면 크기가 같은 정삼각형 6 개로 이루어져 있다.
작은 정삼각형과 큰 정삼각형의 길이의 비를 생각해보자.

→ 평가표 :

정답 틀림	0점
정답 맞음	5점

정답 및 해설

→ 정답 : 40 (cm^2)

→ 해설 : 원의 반지름을 R 이라고 하자.

· 정육각형은 6 개의 정삼각형으로 이루어져 있다.

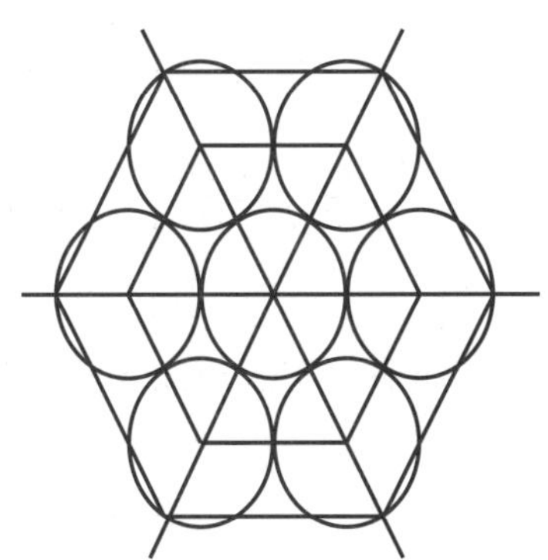

작은 정육각형을 이루고 있는 정삼각형의 한 변의 길이는 2 R 이고, 큰 정육각형을 이루고 있는 정삼각형의 한 변의 길이는 3 R 이다.

· 닮음인 두 도형의 한 변의 길이의 비가 2 : 3 이면 넓이의 비는 4 : 9 이다.

ex) 한 변의 길이가 2 인 정사각형의 넓이는 4
한 변의 길이가 3 인 정사각형의 넓이는 9 → 넓이의 비는 길이의 제곱의 비와 같다.

따라서 큰 정육각형의 넓이가 90 (cm^2) 이면 작은 정육각형의 넓이는 40 (cm^2) 이다.

문항 분석 및 평가표

⟶ 문항 분석 : A 가 가장 위에 오도록 접는다면 A 의 바로 밑에는 B, C, D 중 하나가 올 수 있다.

⟶ 평가표 :

정답 틀림	0점
정답 1 ~ 3 개 찾음	2점
정답 4 ~ 6 개 찾음	4점
모든 정답 찾음	5점

정답 및 해설

⟶ 정답 : (ABCFED), (ABEDFC), (ACBEFD), (ADFEBC), (ADEFCB), (ADEBCF), (ADCFEB)
총 7 개

⟶ 해설 :

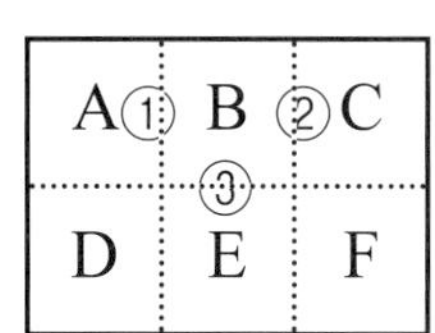

세 점선을 각각 ①, ②, ③ 라고 한 뒤 A가 가장 위에 오도록 접는 순서를 생각해본다.

(1) ① → ② → ③ 순으로 접을 때 : ABCFED

(2) ① → ③ → ② 순으로 접을 때 : ABEDFC

(3) ② → ① → ③ 순으로 접을 때 : ACBEFD

(4) ② → ③ → ① 순으로 접을 때 : (a) ADEFCB (b) ADFEBC

(a)

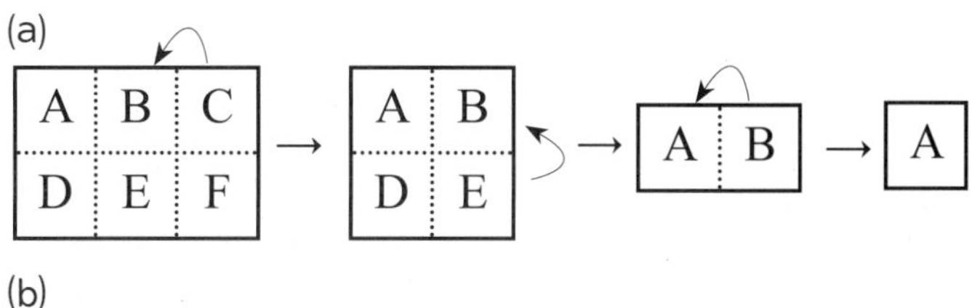

(b)

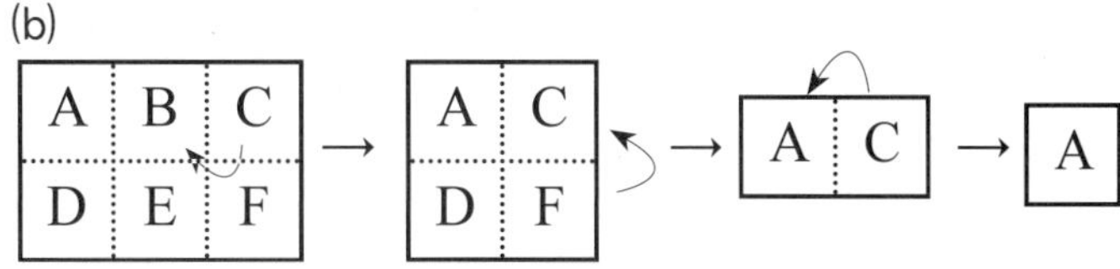

(5) ③ → ① → ② 순으로 접을 때 : ADEBCF

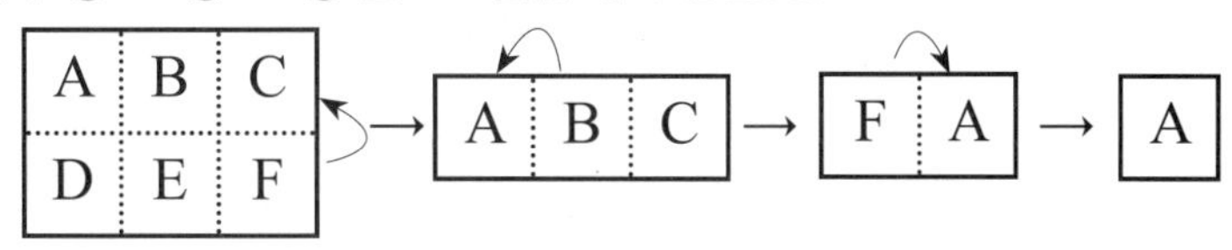

(6) ③ → ② → ① 순으로 접을 때 : ADCFEB

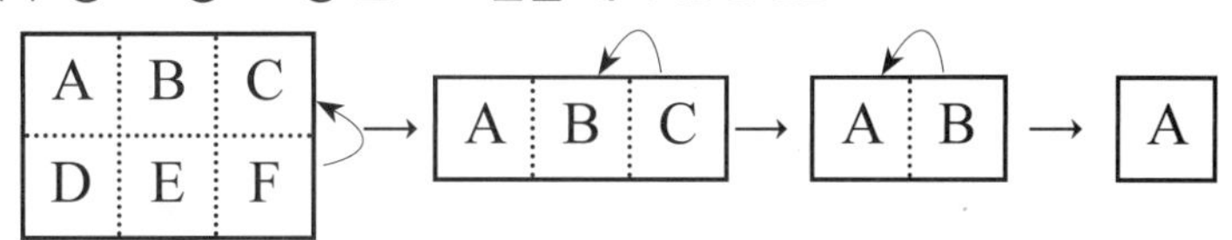

문 18

P. 71

문항 분석 및 평가표

⟶ 문항 분석 : 두 수를 더하거나 곱할 때 홀수가 되는 경우, 짝수가 되는 경우를 생각해본다.

ex) 홀수 + 홀수 = 짝수, 홀수 × 홀수 = 홀수, 연속한 두 수의 합 = 홀수
직접 계산하지 않더라도 결론과 이유를 얻어낼 수 있다.

⟶ 평가표 :

(1), (2) 모두 이유가 타당하지 않음	0점
(1) 은 이유가 타당하나 (2) 는 타당하지 않음	3점
(2) 는 이유가 타당하나 (1) 은 타당하지 않음	3점
(1), (2) 모두 이유가 타당함	6점

정답 및 해설

⟶ 정답 : (1) 짝수가 될 수 없다. 연속된 수 30 개는 연속한 2 개의 수 15 쌍과 같다고 생각할 수 있다. 연속한 두 수의 합은 언제나 홀수이고 15 도 홀수이다. 홀수 × 홀수는 언제나 홀수이다.

(2) 홀수 5 개, 짝수 3 개를 어떻게 나열하더라도 홀수 2개는 이웃하게 된다. 나머지 수에 상관없이 두 홀수의 합은 짝수이고, 2 보다 큰 짝수 중 소수는 존재하지 않는다. 따라서 이 8 개의 수에서 이웃한 두 수의 합은 항상 소수가 되지 않는다.

⟶ 해설 : (1) 연속된 30 개의 수는 연속한 2 개의 수 15 쌍으로 표현할 수 있다. 연속한 두 수는 짝수, 홀수 또는 홀수, 짝수이다. 홀수 + 짝수 는 언제나 홀수이다.따라서 홀수가 15 개 나열되어 있고 홀수를 홀수번 더하면 언제나 홀수이다.

(2) 5 개의 홀수 사이에 3 개의 짝수를 어떻게 끼워 넣더라도 이웃한 두 홀수가 생긴다. 홀수 + 홀수 = 짝수 이고 이 짝수는 2 보다 큰 짝수가 된다. 2 보다 큰 짝수는 2 로 나눌 수 있으므로 소수가 아니다. 따라서 이 8 개의 수에서 이웃한 두 수의 합은 항상 소수가되지 않는다.

문항 분석 및 평가표

⟶ 문항 분석 : 음은 각각 일정한 진동 수를 가지고 있다. 이를 이용해서 피타고라스는 도에 일정한 수를 곱해 나가면서 도 ~ 도' 까지의 12 음계를 만들었다.

⟶ 평가표 :

정답 틀림	0점
(1), (2) 중 한 가지만 정답	3점
(1), (2) 모두 정답	6점

정답 및 해설

⟶ 정답 : (1) [미] = [도] × ◎^{4} (2) [솔] = [도] × ◎^{7}

⟶ 해설 : 피아노 건반의 도 ~ 도' 을 1옥타브라고 하며 아래의 표와 같이 12 음계를 가진다.

음	도	도#	레	레#	미	파	파#	솔	솔#	라	라#	시	도
건반 색	흰	검	흰	검	흰	흰	검	흰	검	흰	검	흰	흰
진동 수	A	A◎^{1}	A◎^{2}	A◎^{3}	A◎^{4}	A◎^{5}	A◎^{6}	A◎^{7}	A◎^{8}	A◎^{9}	A◎^{10}	A◎^{11}	A◎^{12}

규칙 3 ~ 5 번 또는 위의 표를 보면 다음을 얻을 수 있다.

· 중간에 검은건반이 없는 [미] , [파] 와 [시] , [도'] 는 떨리는 횟수가 ◎를 곱한만큼 늘어나고 중간에 검은건반이 있는 나머지 부분은 떨리는 횟수가 ◎^{2} 만큼 늘어난다는 것을 알 수 있다. 따라서 [미] 와 [솔] 을 [도] 와 ◎ 로 나타내면 다음과 같다.

[미] = [도] × {[레] ÷ [도]} × {[미] ÷ [레]} = [도] × ◎^{2} × ◎^{2} = [도] × ◎^{4}

[솔] = [미] × {[파] ÷ [미]} × {[솔] ÷ [파]} = [도] × ◎^{4} × ◎ × ◎^{2} = [도] × ◎^{7}

문항 분석 및 평가표

⟶ 문항 분석 :문제에 나와있는 겨냥도를 보고 정면 또는 위에서 바라본 모양은 어떨지 생각해보자.

⟶ 평가표 :

정답 틀림	0점
정답 맞음	7점

정답 및 해설

⟶ 정답 : (1) [미] = [도] × ◎^{4} (2) [솔] = [도] × ◎^{7}

—> 해설 : 입체도형을 아래와 같이 정면에서 본 모습을 생각해 보자.

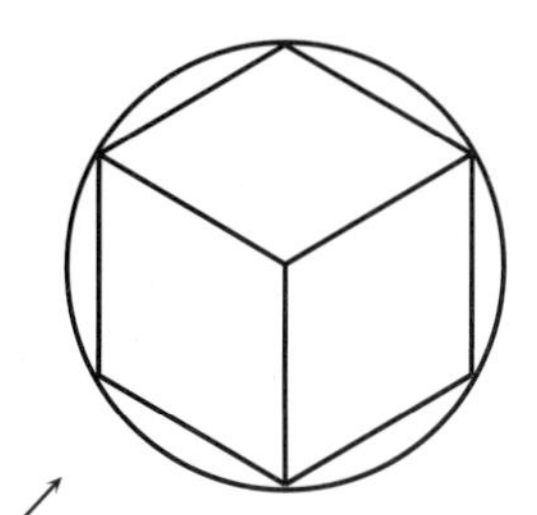

정면 ↗

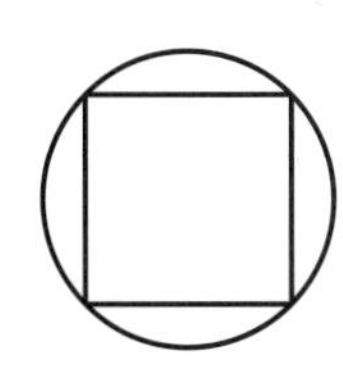

구의 반지름의 길이는 정면도에서 원의 반지름의 길이와 같고
원의 지름의 길이는 정사각형의 대각선길이와 같다.
정사각형의 대각선은 서로를 이등분하며 수직으로 만난다.

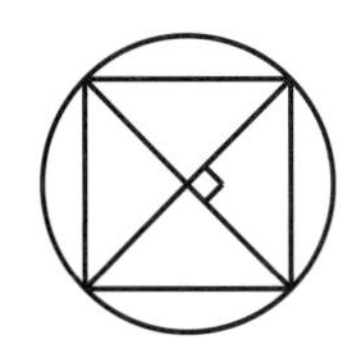

정사각형을 이루고 있는 이등변삼각형의 높이와 밑변은 각
4 이며 따라서 이등변삼각형의 넓이는 8 이다.
즉 정사각형의 넓이는 $8 \times 4 = 32$ 이다.

· 정육면체의 겉넓이는 정사각형의 넓이 × 6 이므로 $32 \times 6 = 192$ 이다.

점수에 따른 성취도 등급

등급	1등급	2등급	3등급	4등급	5등급	총점
평가	40 점 이상	30 점 이상 ~ 39 점 이하	20 점 이상 ~ 29 점 이하	10 점 이상 ~ 19 점 이하	9 점 이하	52 점

4 창의적 문제해결력 3 회

· 총 10 문제입니다. 각 평가표에 있는 기준별로 배점을 했습니다. / 단원 말미에서 성취도 등급을 확인하세요.

문 21
P. 74

문항 분석 및 평가표

⟶ 문항 분석 : 세 자리수와 세 자리 수를 붙여서 여섯 자리 수를 만들기 위해선 앞에 오는 세 자리수에 1000을 곱해서 더해줘야 한다.

⟶ 평가표 :

찾은 방법이 타당하지 않음	0점
찾은 방법이 타당함	5점

정답 및 해설

⟶ 정답 : 상상이가 말한 수에서 7 을 빼고 9 로 나눠 주었다.

⟶ 해설 : · 상상이가 (1) 에서 만든 세 자리 자연수를 A 라고 하자.

주사위의 맞은편에 있는 수의 합은 언제나 7 이므로 (2) 에서 만든 수는 777 − A 가 된다.

· (1) 에서 만든 세 자리 수 뒤에 (2) 에서 만든 수를 붙여 만든 여섯 자리 수는 다음과 같다.

$(A \times 1000) + (777 - A) = 111(9A + 7)$

· 이 수를 111 로 나누면 (9 A + 7) 이고 7 을 빼고 9 로 나눠주게 되면 A 를 얻을 수 있다.

문 22
P. 75

문항 분석 및 평가표

⟶ 문항 분석 : 한 도형을 여러 개의 도형으로 쪼개서 다른 모양으로 재조합해도 그 넓이는 항상 같아야 한다. 밑변과 높이의 길이가 8, 3 인 직각삼각형과 13, 5 인 직각삼각형의 밑변을 겹쳤을 때 빗변이 일치하는지 생각해보자.

⟶ 평가표 :

찾은 방법이 타당하지 않음	0점
찾은 방법이 타당함	4점

정답 및 해설

⟶ 정답 : 사다리꼴과 직각삼각형을 붙일 때, 이 두 도형의 빗변은 직선이 되지 않기 때문에 이러한 결과가 나온 것이다.

⟶ 해설 : 정사각형쪼개서 만든 4 개의 도형으로 만든 직사각형을 좀 더 세밀하게 조합하면 아래 그림과 같이 중간에 틈이 있는 직사각형이 된다.

· 맞붙는 면의 길이는 같지만 사다리꼴의 빗변과 직각삼각형의 빗변이 직선이 되지 않으므로 완전한 직사각형이 되지 않고, 저 사이에 틈의 넓이는 1 이 된다. 따라서 두 도형의 넓이가 다르게 나오게 된 것 이다.

문항 분석 및 평가표

⟶ 문항 분석 : 맨 앞쪽에 검은 돌이 들어가지 않도록 움직이면서 맨 뒤에 있는 흰 돌을 앞쪽으로 빼오는 방법을 우선으로 생각한다.

⟶ 평가표 :

정답 틀림	0점
정답 맞음	5점

정답 및 해설

⟶ 정답 : 5 번

⟶ 해설 : 최소로 움직이면서 (가) → (나) 로 바꾸기 위한 순서는 다음과 같다. ㅍ

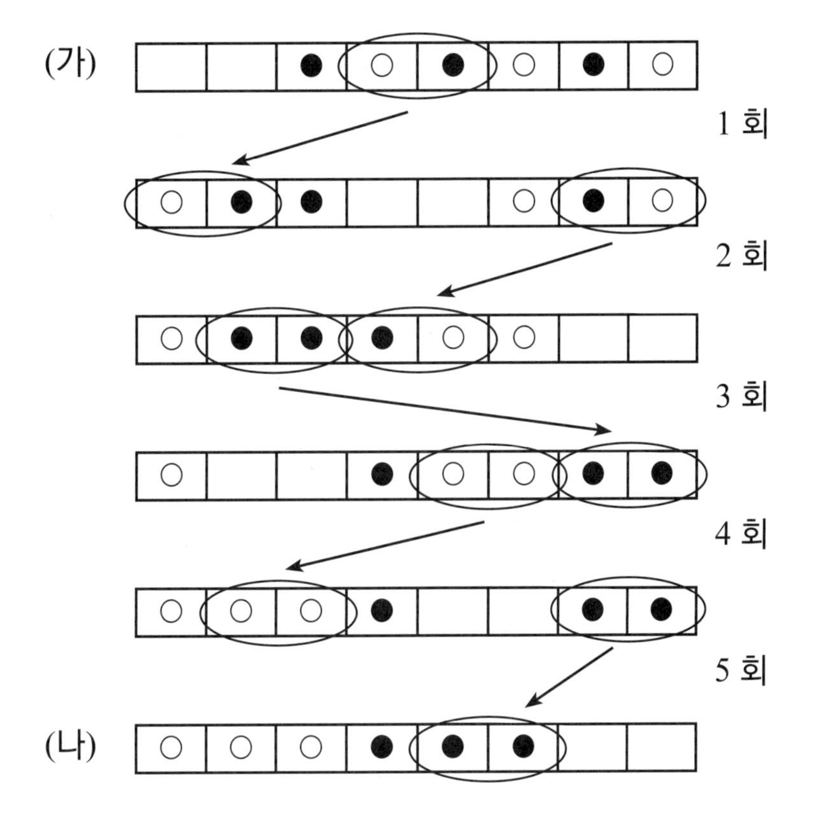

문항 분석 및 평가표

⟶ 문항 분석 : 각 상황에 맞게 주어진 표를 새롭게 만들어서 최단 루트를 구해본다. 곁길을 따라 옆으로 새는 경우는 마지막에 확인정도만 해보도록 하자.

⟶ 평가표 :

정답 틀림	0점
정답 맞음	4점

정답 및 해설

⟶ 정답 : (1) 30 분　　(2) 20 분

⟶ 해설 : · 자동차로 A → B 로 갈 때 최단 시간이 걸리는 루트는 아래 그림에서 ①, ② 2 가지 이고 둘 다 10 분이 걸린다.

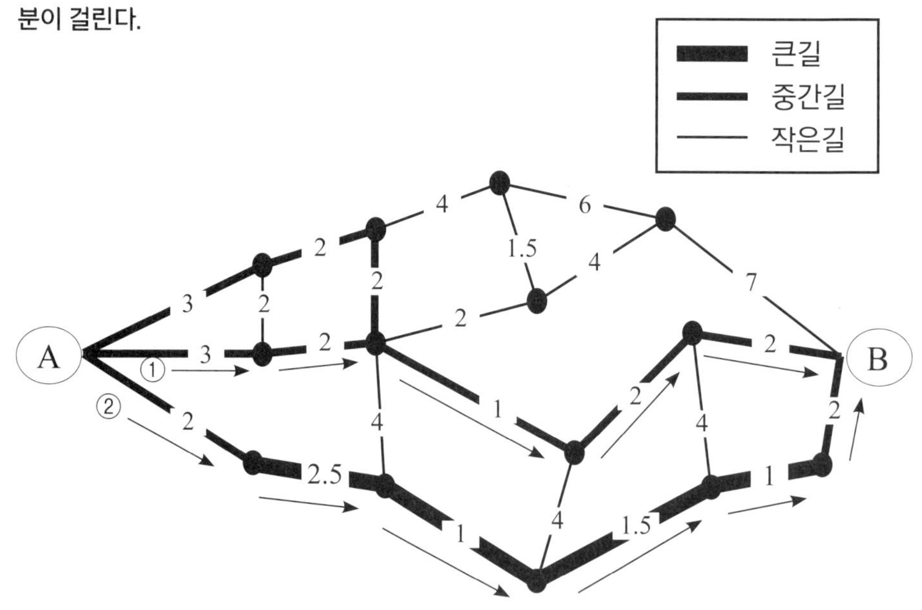

· 자동차로 퇴근시간에 B → A 로 갈 때 각 구간에 걸리는 시간은 아래 그림과 같으며 최단 시간이 걸리는 루트는 ① 한 가지이고 20 분이 걸린다.

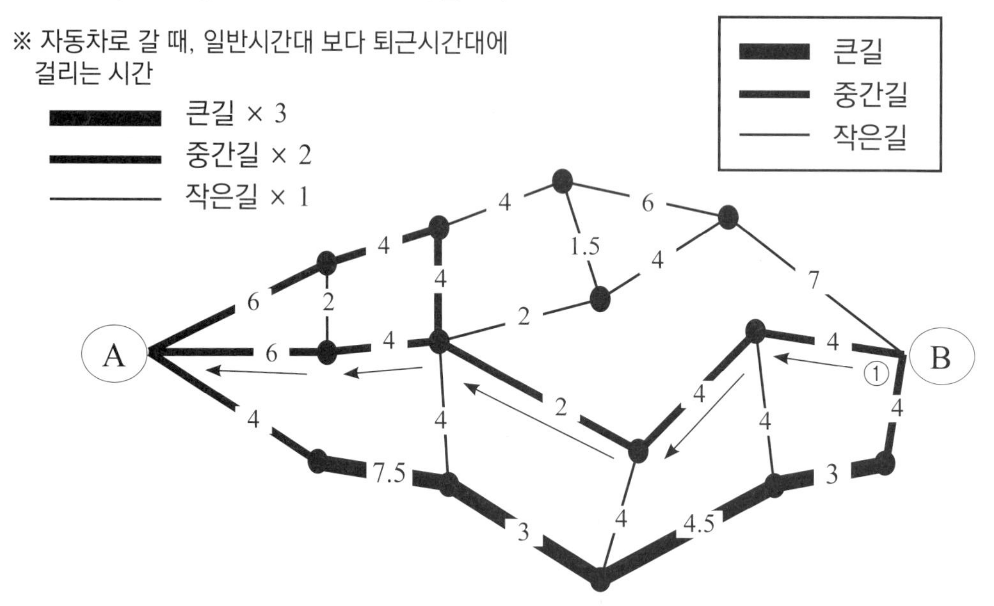

· 오토바이로 일반시간대에 A → B 로 갈 때 각 구간에 걸리는 시간은 아래 그림과 같으며 최단 시간이 걸리는 루트는 ①, ② 두 가지이고 둘 다 10 분이 걸린다.

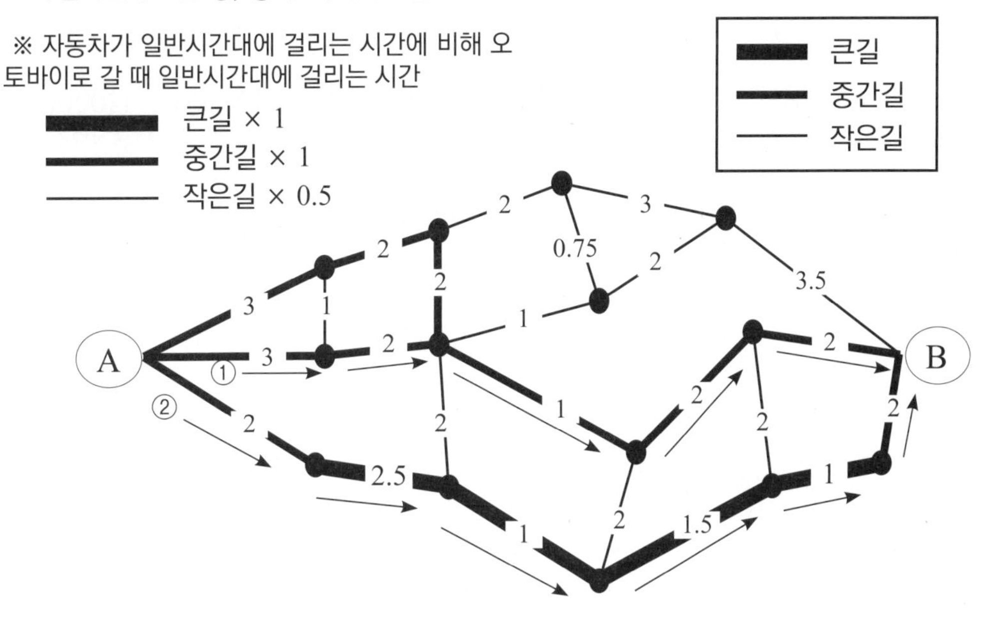

· 오토바이로 퇴근시간대에 B → A 로 갈 때 각 구간에 걸리는 시간은 아래 그림과 같으며 최단 시간이 걸리는 루트는 ① 한 가지이고 10 분이 걸린다.

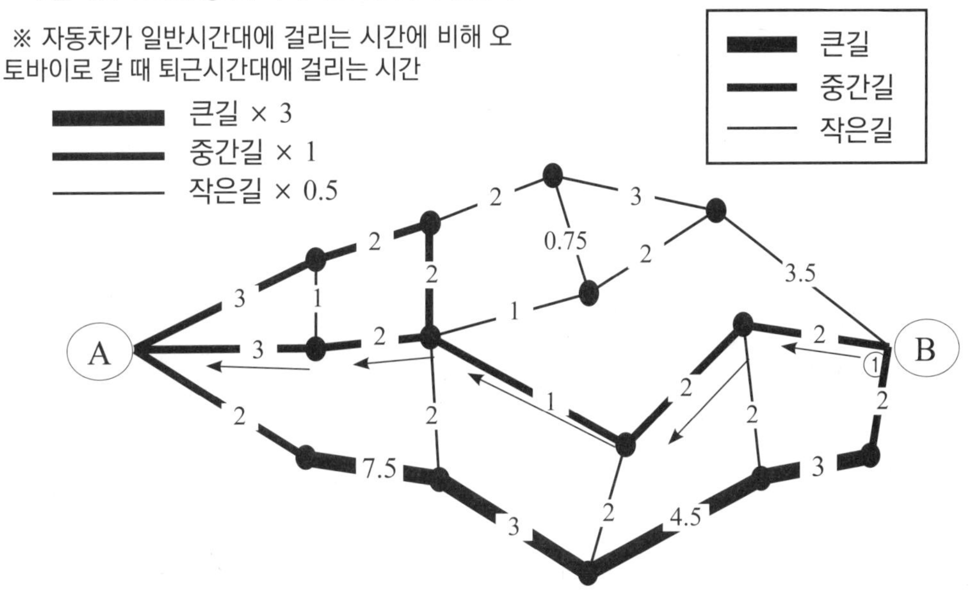

문 25
P. 78

문항 분석 및 평가표

⟶ 문항 분석 : 두 개의 식을 모두 만족하는 수를 구하는 방법은 대입법, 가감법 뿐만이 아니다. 수가 크다면 오히려 단순하게 더하거나 빼보도록 하자.

⟶ 평가표 :

정답 틀림	0점
정답 맞음	5점

정답 및 해설

—> 정답 : A = 8, B = 5

—> 해설 : · ① 식과 ② 식의 양 변을 더하면 10000 A + 10000 B = 130000 이므로 양 변을 10000 으로 나눠주면 다음 식을 얻을 수 있다. → A + B = 13

· ① 식과 ② 식의 양 변을 빼면 3506 A − 3506 B = 10518 이므로 양 변을 3506 으로 나눠주면 다음 식을 얻을 수 있다. → A − B = 3

· 따라서 ①, ② 식을 모두 만족하는 A, B 는 더하면 13, 빼면 3 인 자연수이다.
이를 만족하는 자연수 쌍은 A = 8, B = 5 이다.

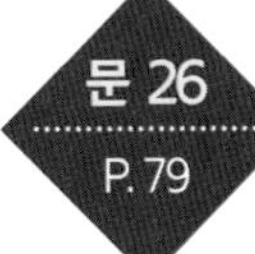

문항 분석 및 평가표

—> 문항 분석 : 비둘기집의 원리는 복잡한 계산을 하지 않고도 어떤 상황에 대한 판단을 하는 것에 큰 도움을 주는 원리이다. 예시) 한 학교의 학생 수 총원이 366 명이라면 생일이 같은 사람이 반드시 존재한다.

—> 평가표 :

(1), (2) 모두 이유가 타당하지 않음	0점
(1) 은 이유가 타당하나 (2) 는 타당하지 않음	2점
(2) 는 이유가 타당하나 (1) 은 타당하지 않음	4점
(1), (2) 모두 이유가 타당함	5점

정답 및 해설

—> 정답 : (1) 1 월 ~ 12 월 을 어떠한 집이라고 생각해보자. 1 월에 태어난 사람은 1 월 집에 들어가는 방식으로 무한이네 반 25 명을 각 집에 넣어본다. 2 명씩 각 집에 들여 보내면 아래 표와 같이 된다.

월	1월	2월	3월	4월	5월	6월	7월	8월	9월	10월	11월	12월
생일자	○○	○○	○○	○○	○○	○○	○○	○○	○○	○○	○○	○○

· 2 명씩 집에 들어가면 총 24 명밖에 들어갈 수 없고 나머지 1 명은 1월 ~ 12월 집 중 한 곳에 들어가야 한다. 따라서 무한이네 25 명 중 3 명 이상이 같은 달에 태어난 달이 최소 1 개 이상 존재한다.

(2) 임의의 자연수를 7 로 나누면, 나머지는 0, 1, 2, 3, 4, 5, 6 이 7 개만 나올 수 있다. 영재는 서로 다른 8 개의 수를 뽑았고, 7 로 나누면 나머지는 7 개가 가능하다. 따라서 비둘기집의 원리에 의해 영재가 뽑은 8 개의 수 중 7 로 나누었을 때 나머지가 같은 수가 적어도 2 개 존재한다.

· 7 로 나눴을 때 나머지가 같은 수가 2 개이고 그 나머지를 a 라고 하자($0 \leq a \leq 6$)
이 두 수는 각각 $7M + a$, $7N + a$ 로 표현될 수 있다. (M, N 은 자연수, $M < N$)
따라서 이 두 수의 차 는 $(7N + a) - (7M + a) = 7(N - M)$ 이므로 7 의 배수이다.

∴ 임의로 서로 다른 8 개의 자연수를 뽑으면 두 수의 차가 7 의 배수가 되는 두 수가 항상 존재한다.

문 27
P. 80

문항 분석 및 평가표

—> 문항 분석 : 5 명 중 2 명이 진실을 말하는 것은 총 10 가지 경우이다. 2 명씩 짝지어 모든 경우를 생각하기 보다는 A ~ E 가 진실을 말할 경우 이 5 가지의 경우만 생각해보자. D 와 E 가 진실이라고 할 때는 그 앞 사람의 대답이 진실인지 거짓인지 판별하면서 찾아보자.

—> 평가표 :

정답 틀림	0점
정답 맞음	6점

정답 및 해설

—> 정답 : B 와 D 가 진실을 말하고 있다.

—> 해설 : 한 명씩 진실을 말하고 있다고 가정해서 총 5 가지의 경우를 생각해본다.

① A 가 진실을 말하고 있을 경우

· A : B 는 거짓말을 했고, E 는 거짓말을 하지 않았어 → 진실

A	B	C	D	E
진실	거짓			진실

· B 는 거짓말을 하고 있으므로 C 는 진실을 말하고 있다.

A	B	C	D	E
진실	거짓	진실		진실

→ E 가 말한 B 와 C 는 거짓말을 했어 가 진실이 되야 하므로 모순이 생긴다.

② B 가 진실을 말하고 있는 경우

· B : C 는 거짓말을 했어 → 진실

A	B	C	D	E
	진실	거짓		

· C 는 거짓말을 하고 있으므로 D 는 진실을 말하고 있다.

A	B	C	D	E
	진실	거짓	진실	

· D 는 진실을 말하고 있으므로 E 는 거짓을 말하고 있다.

A	B	C	D	E
	진실	거짓	진실	거짓

· 위의 상황을 보면 A 가 말한 B 는 거짓말을 했고, E 는 거짓말을 하지 않았어 는 거짓이 된다.

A	B	C	D	E
거짓	진실	거짓	진실	거짓

→ 모든 상황에 모순이 없고 이 경우 B 와 D 가 진실을 말한 것이 된다.

③ C 가 진실을 말하고 있는 경우

· C : D 는 거짓말을 했어 → 진실

A	B	C	D	E
		진실	거짓	

· D 는 거짓을 말하고 있으므로 E 는 진실을 말하고 있다.

A	B	C	D	E
		진실	거짓	진실

→ E 는 진실을 말하고 있으므로 B 와 C 는 거짓을 말한 것이 되는데 이 경우는 C 가 진실을 말하고 있는 경우이므로 모순이다.

④ D 가 진실을 말하고 있는 경우

· D : E 는 거짓말을 했어 → 진실

A	B	C	D	E
			진실	거짓

· D 는 진실을 말하고 있으므로 C 는 거짓을 말한 것이 된다.

A	B	C	D	E
		거짓	진실	거짓

· C 는 거짓을 말하고 있으므로 B 는 진실을 말한 것이 된다.

A	B	C	D	E
	진실	거짓	진실	거짓

· B 는 진실을 말하고 있고, E 는 거짓말을 하고 있으므로 A 는 거짓을 말하고 있다.

A	B	C	D	E
거짓	진실	거짓	진실	거짓

→ E 가 말한 말도 거짓말이 되므로 모든 상황에 모순이 없고 이 경우 B 와 D 가 진실을 말한 것이 된다.

⑤ E 가 진실을 말하고 있는 경우

· E : B 와 C 는 거짓말을 했어 → 진실

A	B	C	D	E
	거짓	거짓		진실

· E 는 진실을 말하고 있으므로 D 는 거짓을 말한 것이 된다.

A	B	C	D	E
	거짓	서짓	거짓	진실

· D 는 거짓말을 하고 있으므로 C 가 말한 D 는 거짓말을 했어 는 진실이 되야하는데 이는 E 가 말한 진실과 모순이다.

∴ 모든 경우를 생각했을 때, 모순이 나오지 않는 경우는 ② 과 ④ 이 두 가지 경우이고 이 경우 둘 다 B 와 D 가 진실을 말한 사람이 된다.

문항 분석 및 평가표

⟶ 문항 분석 : 정삼각형의 특징은 모든 변의 길이가 같다는 것과 한 내각의 크기가 항상 60° 라는 것이다. 이를 이용해서 정삼각형 외에 새롭게 그은 선분을 포함한 삼각형이 어떤 관계가 있을 지 생각해 보자.

⟶ 평가표 :

풀이과정이 타당하지 않음	0점
풀이과정이 타당함	7점

정답 및 해설

⟶ 정답 :

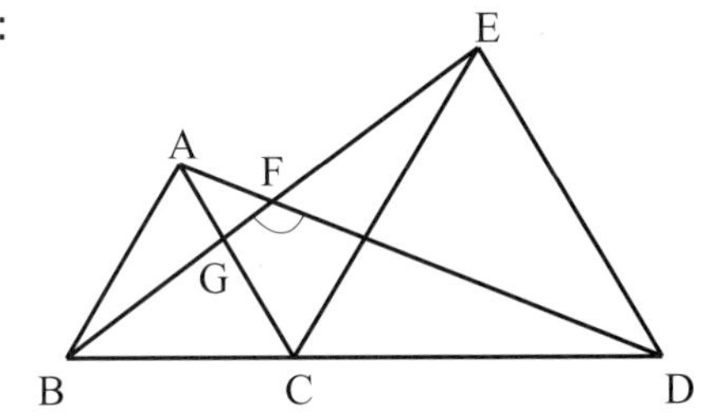

△ ABC 와 △ CDE 는 정삼각형 이므로 선분 BC = 선분 AC, 선분 CE = 선분 CD 이다.

또한 정삼각형의 한 각의 크기는 60° 이므로 $\angle BCE = \angle ACE + 60° = \angle ACD$ 이다.

따라서 △ ACD 와 △ BCE 는 SAS 합동이다.

두 삼각형이 합동이므로 $\angle CAD = \angle CBE$ 이다. 또한 ∠AGF , ∠BGC 는 맞꼭지각이다.

따라서 △ AGF 와 △ BGC 는 AA 닮음이다.

△ AGF 와 △ BGC 가 닮음이므로 $\angle AFG = \angle BCG = 60°$ 를 얻을 수 있다.

따라서 $\angle GFD = 180° - \angle AFG = 120°$ 이다.

∴ 정삼각형의 변의 길이가 변하더라도 이 각은 항상 120° 로 일정하다.

문항 분석 및 평가표

⟶ 문항 분석 : 항상 인원 수가 적다고 해서 가격이 저렴한 것은 아니다. 상황에 따라서는 44 명 일지라도 50 명 분의 입장권을 살 때 더 저렴할 수 있다. 이 50 명 단체 입장료를 생각해서 식을 세워보자.

⟶ 평가표 :

정답 틀림	0점
정답 맞음	6점

정답 및 해설

⟶ 정답 : A 의 최소값 = 9

해설 : 먼저 50 명이 단체 입장권을 사는 가격을 생각해보자.

50명 단체 입장료 : 50 × (2000 × 0.7) = 70,000 원

성인 A 명과 청소년 (44 - A) 명 입장료의 합이 70000 보다 크게 나오게 되면

오히려 50 인 단체 입장권을 사는 것이 더 저렴하다. 따라서 식은 다음과 같다.

$(2000 \times A) + \{1500 \times (44 - A)\} > 70000$

위의 식을 계산하면 아래의 결과를 얻게 된다.

$A > 8$

따라서 성인이 9 명 이상일 경우에는 오히려 50 인 단체 입장권을 사는 것이 더 저렴하다.

문항 분석 및 평가표

—> 문항 분석 : 한 문자씩 단계별로 규칙을 찾도록 한다. 다른 문자와 관계없이 바로 찾을 수 있는 ◎ 부터 찾도록 하자.

—> 평가표 :

정답 틀림	0점
정답 맞음	5점

정답 및 해설

—> 정답 : P 0 T 9

—> 해설 : 순서대로 한 문자씩 찾도록 하자.

```
                 ①          ③
                8A1Z        JKGY
                  ↓           ↓
② 4K7M    →     ◎     →     ☆     →    6M5K
                  ↓           ↓
          ④ 9A0Z  →           ▣     →     ◈     →    A7Z2
                              ↓
                             YGKJ
```

① 8 A 1 Z → ◎ → 9 A 0 Z

위의 변화를 보면 첫 번째 자리 수는 + 1, 세 번째 자리 수는 - 1 이 되었다.

따라서 ◎ 는 첫 번째 자리 수는 + 1, 세 번째 자리 수는 - 1 의 규칙을 가지고 있다.

② 4 K 7 M → ◎ → ☆ → 6 M 5 K

먼저 위의 식에서 ◎ 부터 계산을 해주면 식은 다음과 같다.

5 K 6 M → ☆ → 6 M 5 K

위의 변화를 보면 ☆ 은 ABCD 순이었던 수를 CDAB 순으로 바꿔 놓았다.

따라서 ☆ 은 ABCD 순의 수를 CDAB 순으로 변화시키는 규칙을 가지고 있다.

③ JKGY → ☆ → ▣ → YGKJ

마찬가지로 ☆ 부터 계산해주면 식은 다음과 같다.

GYJK → ▣ → YGKJ

위의 변화를 보면 ▣ 은 ABCD 순이었던 수를 BADC 순으로 바꿔 놓았다.

따라서 ▣ 은 ABCD 순의 수를 BADC 순으로 변화시키는 규칙을 가지고 있다.

④ 9A0Z → ▣ → ◈ → A7Z2

마찬가지로 ▣ 부터 계산해주면 식은 다음과 같다.

A9Z0 → ◈ → A7Z2

위의 변화를 보면 ◈ 은 두 번째 자리수 −2, 네 번째 자리수 +2 를 해주는 규칙을 가지고 있다.

· 위의 4 가지 변환 규칙을 통해서 문제를 풀면 다음과 같다.

< 정답을 찾는 과정 >

6T3P → ◎ → 7T2P

7T2P → ☆ → 2P7T

2P7T → ▣ → P2T7

P2T7 → ◈ → P0T9

점수에 따른 성취도 등급

등급	1등급	2등급	3등급	4등급	5등급	총점
평가	40 점 이상	30 점 이상 ~ 39 점 이하	20 점 이상 ~ 29 점 이하	10 점 이상 ~ 19 점 이하	9 점 이하	52 점

4 창의적 문제해결력 4회

· 총 10 문제입니다. 각 평가표에 있는 기준별로 배점을 했습니다. / 단원 말미에서 성취도 등급을 확인하세요.

문 31
P. 84

문항 분석 및 평가표

⟶ 문항 분석 : 나열된 수의 규칙성을 찾는 문제에서 수들을 묶어서 생각했을 때 규칙이 보이는 경우이다. 각 묶음에 있는 수의 갯수가 1 씩 커지고 있으므로 100 번째 수는 몇 번 묶음에 있을 지 생각한다.

⟶ 평가표 :

정답 틀림	0점
정답 맞음	4점

정답 및 해설

⟶ 정답 : 9

⟶ 해설 : 수들을 다음과 같이 묶어서 생각해본다.

(1) (1 2) (1 2 3) (1 2 3 4) (1 2 3 4 5) (1 2 3 4 5 6) ....

· 각 묶음별로 수의 갯수는 1 개씩 많아지고 있다.

· 첫 번째 묶음은 1 , 두 번째 묶음은 1 부터 2 , 세 번째 묶음은 1 부터 3, 네 번째 묶음은 1 부터 4 , 다섯 번째 묶음은 1 부터 5 , 여섯 번째 묶음은 1 부터 6 까지의 수들이 순서대로 나온다.

1 번 묶음부터 13 번 묶음까지 총 수의 갯수는 91 개이다. (1 부터 13 까지의 합)

따라서 100 번째 수는 14 번 묶음에서 9 번째 수이므로 9 이다.

문 32
P. 84

문항 분석 및 평가표

⟶ 문항 분석 : 확률이란 전체 가지 수 중 특정한 결과가 나오는 비율을 뜻한다. 무한이의 1 ~ 6 까지의 주사위 수를 가지고 상상이보다 큰 경우는 몇 가지가 나오는 지 확인해보도록 하자.

⟶ 평가표 :

정답 틀림	0점
정답 맞음	4점

정답 및 해설

⟶ 정답 : $\frac{15}{36}$

⟶ 해설 : ⓐ 무한이와 상상이가 각각 주사위를 한 번씩 던지면 나올 수 있는 순서쌍은 다음과 같이 36 가지 이다. (무한이가 나온 수, 상상이가 나온 수) = (1, 1), (1, 2), ... , (6, 5), (6, 6)

ⓑ 총 36 가지 중 무한이의 주사위 수가 상상이의 주사위 수보다 큰 경우는 다음 표와 같이 15 가지이다.

무한이의 주사위 수	상상이의 주사위 수	비고
1	X	0 가지
2	1	1 가지
3	1, 2	2 가지
4	1, 2, 3	3 가지
5	1, 2, 3, 4	4 가지
6	1, 2, 3, 4, 5	5 가지

따라서 무한이가 던진 주사위의 수가 더 클 확률은 $\frac{15}{36}$ 이다.

문 33
P. 85

문항 분석 및 평가표

⟶ 문항 분석 : 분자가 같을 때 분모가 커지면 전체값은 작아지게 된다. 나와있는 분수 중 가장 큰 수와 가장 작은 수를 생각해서 어림셈하여 자연수 부분은 쉽게 구할 수 있다.

⟶ 평가표 :

정답 틀림	0점
정답 맞음	5점

정답 및 해설

⟶ 정답 : 20

⟶ 해설 : 분모가 커지면 전체값은 작아진다는 점을 이용하면 다음과 같다.

$$\frac{12}{251} < \frac{1}{240} + \frac{1}{241} + \frac{1}{242} + \cdots\cdots + \frac{1}{250} + \frac{1}{251} < \frac{12}{240}$$

따라서 A 의 값은 $\frac{12}{251}$ 와 $\frac{12}{240}$ 의 역수 사이에 존재한다.

$$\frac{1}{\frac{12}{240}} < \frac{1}{\frac{1}{240} + \frac{1}{241} + \frac{1}{242} + \cdots\cdots + \frac{1}{250} + \frac{1}{251}} < \frac{1}{\frac{12}{251}}$$

$\frac{240}{12}$ = 20 이고 $\frac{251}{12}$ = 20.91… 이므로 A 의 자연수 부분은 20 이다.

문 34
P. 85

문항 분석 및 평가표

⟶ 문항 분석 : 분자가 같을 때 분모가 커지면 전체값은 작아지게 된다. 나와있는 분수 중 가장 큰 수와 가장 작은 수를 생각해서 어림셈하여 자연수 부분은 쉽게 구할 수 있다.

⟶ 평가표 :

정답 틀림	0점
정답 맞음	5점

정답 및 해설

——> 정답 : 20 일

——> 해설 : 무한이는 3 일 자전거를 타면 1 일을 쉬므로 4 일 주기로 자전거 타는 날+ 휴일이 반복된다

상상이는 7 일 자전거를 타면 2 일을 쉬므로 9 일 주기로 자전거 타는 날 + 휴일이 반복된다
4 와 9 의 최소공배수는 36 이므로 이 둘은 36 일 주기로 같은 일정이 반복된다.
36 일 동안에 이 둘이 쉬는 날을 구해보면 다음과 같다.
무한이가 쉬는날 : 4 , 8 , 12 , 16 , 20 , 24 , 28 , 32 , 36
상상이가 쉬는날 : 8 , 9 , 17 , 18 , 26 , 27 , 35 , 36
36 일 동안 이 둘이 함께 쉬는 날은 8 일, 36 일 2 번이다.
· 365 = 36 × 10 + 5 이므로 36 일 주기가 10 번 반복되는 동안 이 둘이 함께 쉬는 날은 20 일 이다.
남은 5 일에는 함께 쉬는 날이 없다.
따라서 이와 같은 주기로 운동을 할 때 1 년 동안 이 둘이 함께 쉬는 날은 20 일이다

문 35

P. 86

문항 분석 및 평가표

——> 문항 분석 : 각 문항에 <보기> 의 도형들을 직접 그려본다. 정교하게 그려보는 것이 중요하다.

——> 평가표 :

정답 틀림	0점
정답 맞음	5점

정답 및 해설

——> 정답 : ㉤

——> 해설 : ㉠

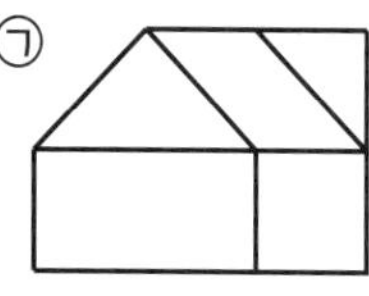

㉡

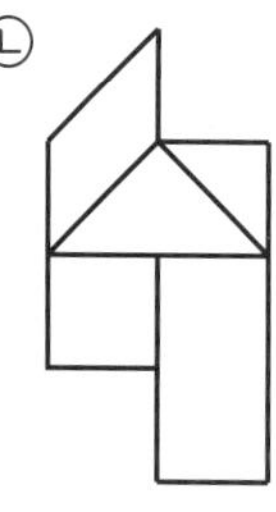

㉢

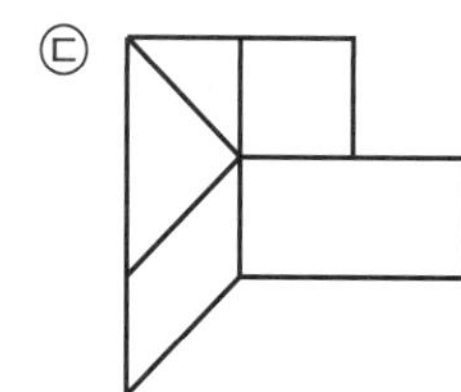

㉣

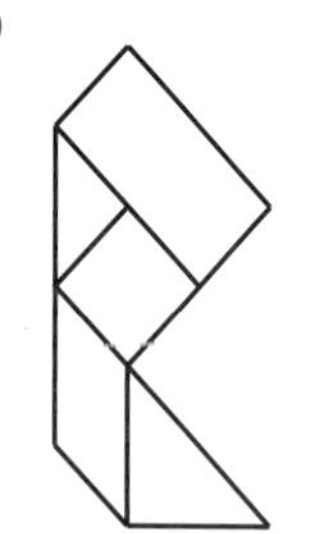

㉤

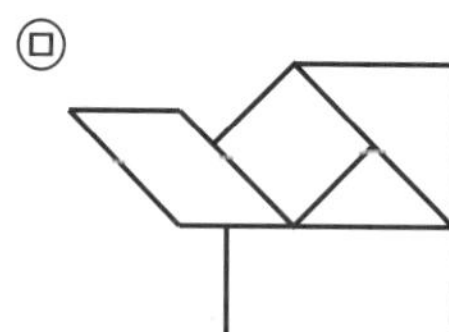

문항 분석 및 평가표

⟶ 문항 분석 : 규칙에 맞게 직접 채워보는 문항이다. 꼭지점에 있는 칸은 대각선으로만 가리킬 수 있다는 점을 생각해서 경우의 수를 줄여나가보자.

⟶ 평가표 :

정답 틀림	0점
정답 맞음	6점

출제자 예시 답안

⟶ 정답 :

0	1	1	0	0	1
2	←	↑	↘	→	1
1	↖	←	↗	↙	0
1	↑	←	→	↓	2
0	↙	↘	↘	↘	0
1	1	0	1	2	1

0	1	1	0	0	1
2	↓	↖	↓	↗	1
1	↖	↘	↙	↓	0
1	↖	↖	↗	→	2
0	↖	↑	↘	↗	0
1	1	0	1	2	1

⟶ 해설 : 각 꼭지점에 있는 수 0 , 1 , 1 , 1 은 그 칸을 포함하는 대각선에 있는 칸들에서만 가리킬 수 있다.

가장 큰 수 2 부터 가리킬 수 있는 칸을 생각해보며 채워보도록 한다.

문항 분석 및 평가표

⟶ 문항 분석 : 상대 속도의 개념을 생각해보자. 무한이가 탄 기차와 반대 방향으로 가는 기차의 속력이 모두 120 km/h 라면 무한이가 본 반대 방향으로 가는 기차의 상대 속력은 240 km/h 이다.

⟶ 평가표 :

정답 틀림	0점
정답 맞음	5점

정답 및 해설

⟶ 정답 : 400 m

⟶ 해설 : 상대 속도의 개념으로 생각하면 무한이가 본 반대 방향으로 가는 기차의 속력은 240 km/h 이다. 단위를 km/h 에서 m/s 로 변환하면 다음과 같다.

240 km/h = 4000 m/m = $\frac{200}{3}$ m/s

· 따라서 반대 방향으로 가는 기차의 무한이가 본 상대 속력은 $\frac{200}{3}$ m/s 이고 이 기차가 6 초 동안 보였으므로 기차의 길이는 400 m 이다.

문항 분석 및 평가표

→ 문항 분석 : 두 자리수에 그와 다른 두 자리수를 더했을 때, 더하기 전과 일의 자리수가 똑같다면 더한 두자리 수의 일의 자리수는 0 이다.

→ 평가표 :

정답 틀림	0점
1 가지 정답을 찾음	2점
2 가지 정답을 찾음	5점

정답 및 해설

→ 정답 : 아래의 2 가지 정답이 나올 수 있다.

A	B	C	D	E	F	G	H	I	J
3	4	5	6	9	0	7	2	1	8

A	B	C	D	E	F	G	H	I	J
2	3	6	7	9	0	4	8	1	5

→ 해설 : · 두 번째 식 GH + IF = JH 에서 일의 자리 수를 비교하면 F = 0 이다.

· 세 번째 식 CD + IF + JH = IBJ 에서 I 가 3 이상이라면 식을 만족하는 C, J 는 존재하지 않는다. I 가 2 라면 C = J = 9 인데 서로 다른 수를 의미한다고 했으므로 조건에 맞지 않는다. 따라서 I = 0 이다.

따라서 식은 다음과 같다.

(1) AB + CD = E0 (2) GH + 10 = JH (3) CD + 10 + JH = 1BJ

· 식 (1) 에서 B + D = 10 , A + C + 1 = E 이다.

· 식 (2) 에서 G + 1 = J 이다.

· 식 (3) 에서 D + H = J 일 경우는 C + J + 1 = 1B 이다.

D + H = 10 + J 일 경우는 C + J = 1B 이다.

ⓐ (B, D) = (2, 8) 또는 (8, 2) 일 경우

남은 수는 3, 4, 5, 6, 7, 9 이다. 이 수 중 A + C + 1 = E 를 만족하기 위해선 (A, C) = (3, 5) 또는 (5, 3) , E = 9 가 되어야 한다. 남은 수는 4, 6, 7 이다.

따라서 식 (2) 를 만족하기 위해선 G = 6, H = 4, J = 7 가 될 수 밖에 없다.

이 수들을 식 (3) 에 대입하면 만족하지 않으므로 이 경우는 정답이 아니다.

ⓑ (B, D) = (3, 7) 또는 (7, 3) 일 경우

남은 수는 2, 4, 5, 6, 8, 9 이다. 이 수 중 A + C + 1 = E 를 만족하기 위해선 (A, C) = (2, 5) 또는 (5, 2) , E = 8 인 경우 또는 (A, C) = (2, 6) 또는 (6, 2) E = 9 인 경우가 있다.

(a) (A, C) = (2, 5) 또는 (5, 2) , E = 8 인 경우

남은 수는 4, 6, 9 이다. 이 경우 식 (2) 를 만족하는 G, J 는 존재하지 않는다.

따라서 이 경우는 정답이 아니다.

(b) (A, C) = (2, 6) 또는 (6, 2) , E = 9 인 경우

남은 수는 4, 5, 8 이다. 이 경우 식 (2) 에 의해 G = 4, H = 8, J = 5 이다.

(B, D) = (3, 7) , (A, C) = (2, 6) 일 경우 모든 식을 만족하며 정답이 된다.

ⓒ (B, D) = (4, 6) 또는 (6, 4) 일 경우

남은 수는 2, 3, 5, 7, 8, 9 이다. 이 수 중 A + C + 1 = E 를 만족하기 위해선 (A, C) = (2, 5) 또는 (5, 2) , E = 8 인 경우 또는 (A, C) = (3, 5) 또는 (5, 3) , E = 9 인 경우가 있다.

(a) (A, C) = (2, 5) 또는 (5, 2) , E = 8 인 경우

남은 수는 3, 7, 9 이다. 이 경우 식 (2) 를 만족하는 G, J 는 존재하지 않는다.

따라서 이 경우는 정답이 아니다.

(b) (A, C) = (3, 5) 또는 (5, 3) , E = 9 인 경우

남은 수는 2, 7, 8 이다. 이 경우 식 (2) 에 의해 G = 7, H = 2, J = 8 이다.

(B, D) = (4, 6) , (A, C) = (3, 5) 일 경우 모든 식을 만족하며 정답이 된다.

문항 분석 및 평가표

⟶ 문항 분석 : 밑변이 같을 때 모양이 달라도 높이가 같은 두 삼각형의 넓이는 같다. 정사각형의 특성을 이용하여 합동인 삼각형을 찾아낸 후 넓이관계를 따져본다.

⟶ 평가표 :

타당한 과정이 없고 결론만 있음	0점
삼각형의 넓이관계를 찾아냄	2점
삼각형의 합동관계를 찾아냄	2점
타당한 과정과 결론이 있음	3점

정답 및 해설

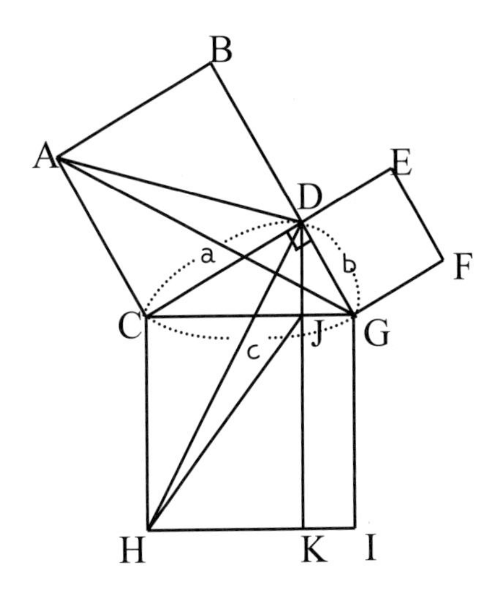

⟶ 정답 : ① △ ACD 의 넓이 = △ ACG 의 넓이

② △ ACG 와 △ DCH 는 합동 (SAS)

③ △ DCH 의 넓이 = △ JCH 의 넓이

· △ ACD 의 넓이는 □ ABDC 의 넓이의 절반이고 △ JCH 의 넓이는 □ CJKH 의 넓이의 절반이다. 즉 ①, ②, ③ 에 따라 △ ACD 의 넓이 = △ JCH 의 넓이 이므로 □ ABDC 의 넓이 = □ CJKH 의 넓이 이다.

∴ 선분 CF, 선분 DF, 선분 DI, 선분 JI 를 만들면 위의 논리와 같은 방식으로 □ DEFG 의 넓이 = □ JGIK 의 넓이 이다.

따라서 □ CGIH 의 넓이 = □ ABDC 의 넓이 + □ DEFG 의 넓이 이다.

→ 위에 따라 직각삼각형에서 빗변을 한 변으로 하는 정사각형의 넓이는 나머지 두 변을 각각 한 변으로 하는 정사각형 두 개의 넓이의 합과 같다.

문 40
P. 91

문항 분석 및 평가표

⟶ 문항 분석 : 정사각형 테이블을 돌렸을 때 같은 경우를 방지하기 위해서는 한 변에 있는 두 명을 고정시켜 놓는 것으로 생각한다.

⟶ 평가표 :

정답 틀림	0점
정답 맞음	6점

정답 및 해설

⟶ 정답 : 96 가지

⟶ 해설 : ① 정사각형 테이블을 돌렸을 때 같은 경우를 방지하기 위해서 무한이와 무한이의 여자친구가 위쪽 변에 앉았다고 생각하자.

무한이와 무한이 여자친구

② 남은 세 변에 상상이, 알탐이, 영재 이 세 커플이 앉는 방법은 다음과 같다.

(왼쪽 변, 오른쪽 변, 아랫 변) = (상상이, 알탐이, 영재), (상상이, 영재, 알탐이)
(알탐이, 상상이, 영재), (알탐이, 영재, 상상이)
(영재, 상상이, 알탐이), (영재, 알탐이, 상상이)

→ 총 6 가지

③ 각 커플이 총 6 가지 방법으로 둘러 앉은 후 각자의 여자친구와 서로 바꿔 앉는 경우를 생각한다.
무한이네 커플을 생각하면 서로 바꿔 앉는 경우는 아래와 같이 2 가지 이다.
(무한이, 무한이 여자친구), (무한이 여자친구, 무한이)

④ 따라서 총 네 커플이 각각 바꿔 앉는 경우를 모두 생각하면 $2 \times 2 \times 2 \times 2 = 16$ 가지 이다.

∴ 따라서 네 커플이 각자의 여자친구와 옆에 앉는 서로 다른 총 경우의 수는 $6 \times 16 = 96$ 가지 이다.

점수에 따른 성취도 등급

등급	1등급	2등급	3등급	4등급	5등급	총점
평가	40 점 이상	30 점 이상 ~ 39 점 이하	20 점 이상 ~ 29 점 이하	10 점 이상 ~ 19 점 이하	9 점 이하	52 점

4 창의적 문제해결력 5 회

· 총 10 문제입니다. 각 평가표에 있는 기준별로 배점을 했습니다. / 단원 말미에서 성취도 등급을 확인하세요.

문 41
P. 92

문항 분석 및 평가표

⟶ 문항 분석 : 단면이 정사각형이 되기 위해서는 정사면체의 각 면을 4 등분하여 아래 해설에 보이는 것처럼 잘라야 한다.

⟶ 평가표 :

정답 틀림	0점
정답 맞음	5점

정답 및 해설

⟶ 정답 : 16

⟶ 해설 : 정사면체의 각 면을 다음과 같이 4 등분한다.

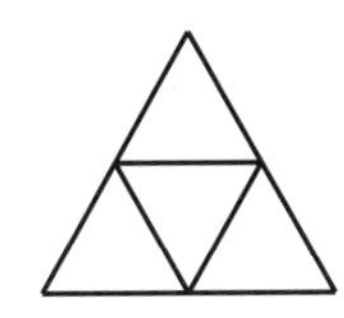

다음 그림의 두꺼운 선을 따라 자르면
그 단면은 정사각형이 된다.
정사면체의 한 변의 길이는 8 이므로
정사각형의 한 변의 길이는 4 가 된다.
따라서 정사각형 단면의 넓이는 16 이다.

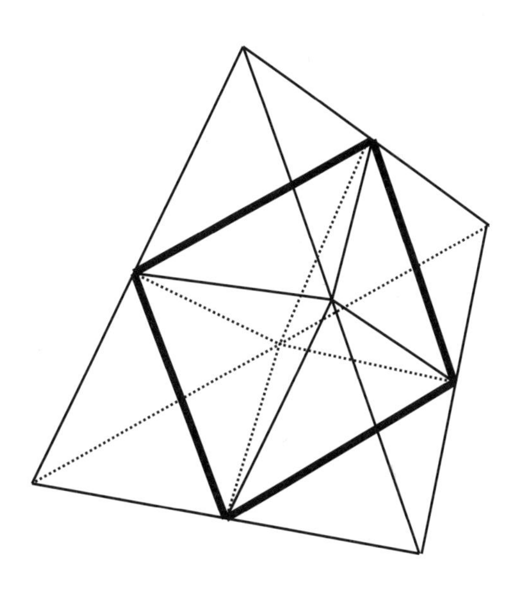

문 42
P. 93

문항 분석 및 평가표

⟶ 문항 분석 : 값이 최소가 되기 위해선 작은 수끼리 곱한 값에서 큰 수끼리 나눈 값을 빼줘야 한다.

⟶ 평가표 :

정답 틀림	0점
정답 맞음	5점

정답 및 해설

→ 정답 : $\frac{1}{25}$

→ 해설 : 1 보다 작은 분수끼리의 연산에서는 곱하면 작아지고 나누면 커진다. 결과값이 최소가 되기 위해선 +, × 는 작은 수끼리의 연산에서 해줘야 하고 −, ÷ 는 큰 수에 대해서 연산해줘야 한다. 이와 같이 경우의 수를 최대한 줄여서 각각을 계산했을 때, 가장 작은 경우는 다음과 같다.

$$\frac{1}{2} + \frac{2}{3} \times \frac{3}{4} - \frac{4}{5} \div \frac{5}{6} = \frac{1}{25}$$

문항 분석 및 평가표

→ 문항 분석 : 1 년 365 일은 7 로 나누면 1 일이 남는다는 점을 이용한다.

→ 평가표 :

정답 틀림	0점
정답 맞음	4점

정답 및 해설

→ 정답 : 금요일

→ 해설 : 365 를 7 로 나누면 1 이 남는다. 따라서 2019 년 5 월 5 일이 일요일이었다면 2020 년 5 월 5 일은 월요일이 된다. 7 년 후인 2026 년 5 월 5 일은 일요일이다. 2080 년 5 월 5 일은 61 년 후이므로 7 년 단위로 나누면 5 년이 남고 금요일이 된다.

문항 분석 및 평가표

→ 문항 분석 : 각 숫자는 각 자리에 6 번씩 나온다는 점을 이용한다.

→ 평가표 :

정답 틀림	0점
정답 맞음	5점

정답 및 해설

→ 정답 : 66,660

→ 해설 : 1, 2, 3, 4 를 한 번씩만 사용해서 만들 수 있는 모든 네 자리 수는 총 24 가지다.

· 24 개의 네 자리 수들을 살펴보면 각 숫자는 천의 자리, 백의 자리, 십의 자리, 일의 자리에 각각 6 번씩 나타난다. 따라서 이 네 자리수 24 개의 합은 다음과 같다.

$6{,}000 \times (1 + 2 + 3 + 4) + 600 \times (1 + 2 + 3 + 4) + 60 \times (1 + 2 + 3 + 4)$
$+ 6 \times (1 + 2 + 3 + 4) = 6{,}666 \times (1 + 2 + 3 + 4) = 66{,}660$

문 45
P. 96

문항 분석 및 평가표

⟶ 문항 분석 : 나올 수 있는 점수 순서쌍을 모두 생각해보고 누가 이길 경우가 더 많은지 따져본다.

⟶ 평가표 :

정답 틀림	0점
정답 맞음	4점

정답 및 해설

⟶ 정답 : 무한이가 아이스크림을 살 확률이 높다.

⟶ 해설 : 나올 수 있는 점수의 순서쌍은 다음과 같다.

(무한이, 상상이) = (3, 1), (3, 5), (3, 9), (4, 1), (4, 5), (4, 9), (8, 1), (8, 5), (8, 9)
총 9 가지 경우 중 무한이가 이기는 경우는 (3, 1), (4, 1), (8, 1), (8, 5) 4 가지이고
상상이가 이기는 경우는 (3, 5), (3, 9), (4, 5), (4, 9), (8, 9) 5 가지이다.
따라서 상상이가 이길 확률이 더 크므로 무한이가 아이스크림을 살 확률이 더 높다.

문 46
P. 97

문항 분석 및 평가표

⟶ 문항 분석 : 굵은 선은 원주의 일부분들로 연결되어 있다. 각도를 생각해서 문제를 해결한다.

⟶ 평가표 :

정답 틀림	0점
정답 맞음	5점

정답 및 해설

⟶ 정답 : 37.68

⟶ 해설 : 원의 중심들을 아래와 같이 잇고 각도를 생각해본다.

· 생기는 삼각형들은 모두 정삼각형이므로 내각은 60°임을 이용해서 각 호의 내각은 얼마일지 구해 본다.

내각이 240° 인 호 3 개　　내각이 120° 인 호 3 개

· 따라서 결국 굵은 선의 길이는 한 원의 원주의 3 배이다.

반지름이 2 인 원의 원주는 $2 \times 2 \times 3.14 = 12.56$ 이고 여기에 3 배를 하면 37.68 이다.

따라서 굵은 선으로 표시된 선의 길이는 37.68 이다.

문항 분석 및 평가표

⟶ 문항 분석 : 짝수 × 짝수로 놓여 있다면 대칭 개념을 이용하면 늦게 시작하는 사람이 반드시 이긴다. 반대로 홀수 × 홀수로 놓여 있다면 먼저 시작하는 사람이 반드시 이길 수 있는 게임이다.

⟶ 평가표 :

(1), (2) 모두 정답 틀림	0점
(1) 만 정답 맞음	3점
(1), (2) 모두 정답 맞음	6점

정답 및 해설

⟶ 정답 : (1) 가운데 점을 기준으로 먼저 시작한 사람이 가져간 바둑돌의 위치에 대칭되는 위치의 바둑돌만 가져가면 늦게 시작하는 사람이 반드시 이긴다.

(2) 중간 지점에 있는 바둑돌 1 개를 먼저 가져간 뒤 (1) 과 마찬가지로 대칭되는 위치의 바둑돌만 가져가면 먼저 시작하는 사람이 반드시 이긴다.

⟶ 해설 : (1) 먼저 바둑돌을 가져가는 사람이 가져간 바둑돌의 위치를 가운데 점에 대칭 시켜서 가져가면 먼저 가져가는 사람이 바둑돌을 가져갈 위치가 존재하면 늦게 시작하는 사람도 가져갈 수 있다. 아래의 그림을 예로 들면 먼저 가져가는 사람이 맨 밑 줄의 오른쪽 4 개의 바둑돌을 가져가면 늦게 가져가는 사람은 가운데 점을 기준으로 대칭 위치에 있는 맨 윗 줄 왼쪽 4 개의 바둑돌을 가져가는 방식이다.

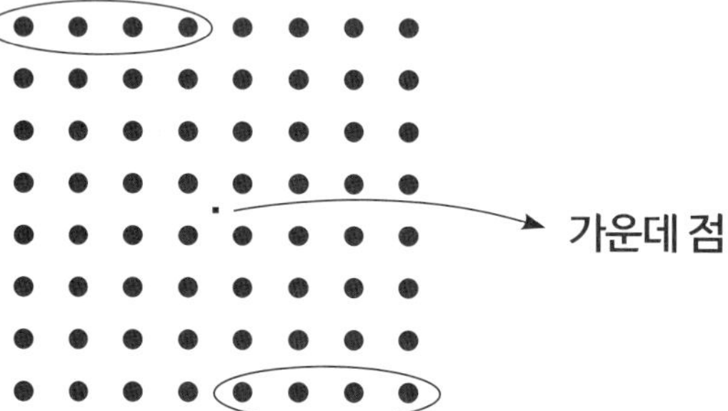

(2) 나머지는 위와 같은 방식으로 진행하며 중앙의 돌을 포함하는 행과 열에 대해서는 다음과 같이 진행한다. 뒤에 시작한 사람이 아래와 같이 가운데 바둑돌을 포함한 행의 4 개의 바둑돌을 가져가면 번저 시작한 사람은 가운데 바둑돌을 포함한 열의 4 개의 바둑돌을 가져간다.

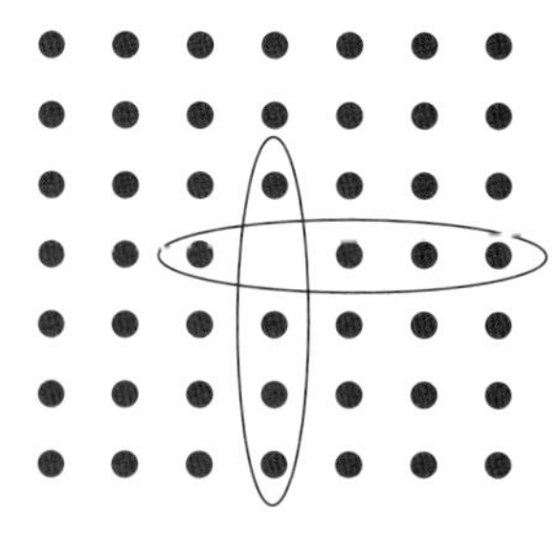

문항 분석 및 평가표

⟶ 문항 분석 : 이등변삼각형을 만들어 갈 때 내각은 어떻게 변해가는지 체크해보고 삼각형의 내각은 180° 라는 점을 이용한다.

⟶ 평가표 :

정답 틀림	0점
정답 맞음	6점

정답 및 해설

⟶ 정답 : 두 선분이 이루고 있는 각 ∠BAC는 18°보다 작아야 한다.

⟶ 해설 : 두 선분이 이루고 있는 각 ∠BAC를 a라고 하자. 삼각형의 두 내각의 합은 나머지 각의 외각의 크기와 같다.

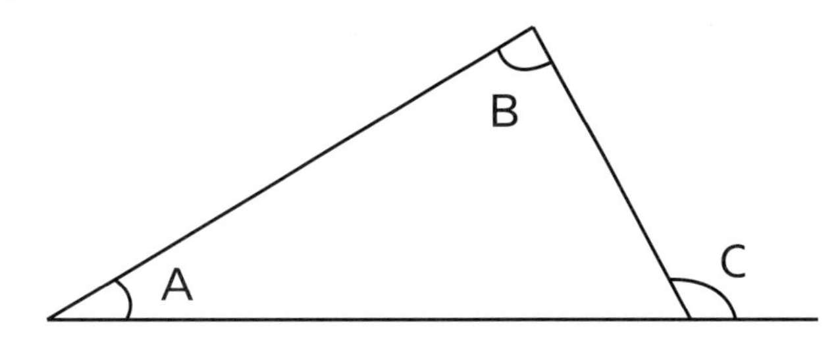

위의 삼각형에서 보면 $\angle A + \angle B = \angle C$ 이다.

· 이를 이용하면 이등변삼각형들을 만들 때 각 이등변삼각형의 각도가 같은 두 각의 크기는 다음과 같다.

순서	각도가 같은 두 각의 각도
첫 번째 이등변삼각형	a
두 번째 이등변삼각형	2a
세 번째 이등변삼각형	3a
네 번째 이등변삼각형	4a
다섯 번째 이등변삼각형	5a

삼각형의 내각은 180° 이므로 5a는 90°를 넘을 수 없다.
따라서 a는 18° 보다 작아야 한다.

문항 분석 및 평가표

⟶ 문항 분석 : 일정하게 속도가 올라갔으므로 A 지점에서 B 지점까지 갈 때의 평균속력은 12.5 km/h 이다.

⟶ 평가표 :

정답 틀림	0점
정답 맞음	5점

정답 및 해설

⟶ 정답 : 25 km

⟶ 해설 : A 지점에서 10 km/h 로 시작해서 B 지점까지는 속도가 일정하게 올라가서 B 지점에서는 15 km/h 가 됐으므로 A 지점에서 B 지점까지 갈 때는 평균 12.5 km/h 의 속력으로 일정하게 갔다고 생각할 수 있다.

· A, B 사이에서의 속력 : B, C 사이에서의 속력은 5 : 6 이고 B 는 중간 지점이므로 A ~ B 까지의 거리와 B ~ C 까지의 거리는 같다. 따라서 5 : 6 의 속력으로 같은 거리를 가기 위해 걸린 시간은 6 : 5 라고 생각할 수 있다.

· 총 걸린 시간은 1 시간 50 분이므로 A 지점에서 B 지점까지 갈 때는 1 시간, B 지점에서 C 지점까지 갈 때는 50 분이 걸렸다. A ~ B 까지는 평균 12.5 km/h 의 속력으로 1 시간동안 갔으므로 A ~ B 까지의 거리는 12.5 km 이다.

· A ~ B 까지의 거리 = B ~ C 까지의 거리이므로 A 지점에서 C 지점까지의 총 거리는 25 km 이다.

문항 분석 및 평가표

⟶ 문항 분석 : 일정하게 속도가 올라갔으므로 A 지점에서 B 지점까지 갈 때의 평균속력은 12.5 km/h 이다.

⟶ 평가표 :

정답 틀림	0점
정답 맞음	7점

정답 및 해설

⟶ 정답 : 1 1 2 3 1 2 3 1 1 1

⟶ 해설 : 개미수열은 전 행의 수 들이 어떻게 배치되어 있는가를 다음 행에서 표현해주는 수열이다.

· 2 행의 1 1 은 1 행은 1 이 한 개라는 것을 의미한다. 3 행의 1 2 는 2 행은 1 이 두 개라는 것을 의미한다. 7 행의 1 2 2 2 1 1 3 1 은 6 행의 수 1 1 2 2 1 3 이 1 이 두 개, 2 가 두 개, 1 이 한 개, 3 이 한 개라는 것을 표현한 것이다. 따라서 8 행은 7 행을 보고 다음과 같이 표현할 수 있다.

· 1 이 한 개, 2 가 세 개, 1 이 두 개, 3 이 한 개, 1 이 한 개
이를 숫자로 표현하면 8 행의 수는 다음과 같다.
1 1 2 3 1 2 3 1 1 1

점수에 따른 성취도 등급

등급	1등급	2등급	3등급	4등급	5등급	총점
평가	40 점 이상	30 점 이상 ~ 39 점 이하	20 점 이상 ~ 29 점 이하	10 점 이상 ~ 19 점 이하	9 점 이하	52 점

5 STEAM 융합

· 총 12 문제입니다. 각 평가표에 있는 기준별로 배점을 했습니다. / 단원 말미에서 성취도 등급을 확인하세요.

문항 분석 및 평가표

⟶ 문항 분석 : 황금비율은 우리 실생활에서도 디자인적인 부분에서 많이 활용되고 있다. 이와 같이 실생활에서는 그 안에 다양한 수학적 요소가 숨어 있다.

⟶ 평가표 : (1)

정답 틀림	0점
정답 맞음	5점

(2)

정답 틀림	0점
피보나치 수, 사분원 단어 포함	5점

출제자 예시 답안

⟶ 정답 : (1)

	공전주기(일)	계산한 공전주기(일)
화성	687	595
소행성대	1200-2000	1,547
목성	4,332	4,125
토성	10,670	10,313
천왕성	30,688	30,939
해왕성	60,193	61,878

(2) 문제에 나와 있는 조개 껍질 모양은 피보나치 수들을 반지름으로 갖는 사분원들을 시계 방향으로 순서대로 붙여 만든 나선형 곡선이다. 또한 부분과 전체가 같은 구조를 띄고 있다.

문항 분석 및 평가표

⟶ 문항 분석 : 회문인 수는 대칭 수라고도 표현한다. 11 을 계속해서 곱해 나가면 연속적으로 회문인 수가 나오는 것을 확인할 수 있다.

⟶ 평가표 : (1)

정답 틀림	0점
정답 맞음	6점

(2)

정답 틀림	0점
정답 맞음	4점

정답 및 해설

⟶ 정답 : (1) 20011002 (2001 년 10 월 2 일), 20100102 (2010 년 1 월 2 일)
20111102 (2011 년 11 월 2 일), 20200202 (2020 년 2 월 2일)
20211202 (2021 년 12 월 2 일) 총 5 개

(2)

데 칼 코 마 니	니 마 코 칼 데
데 칼 코 마 니	니 마 코 칼 데

문 03
P.108

문항 분석 및 평가표

⟶ 문항 분석 : 모든 소수는 약수의 갯수가 2 개 뿐이다. 소수를 찾는 규칙이나 방법은 존재하지 않기 때문에 암호에 유용하게 사용된다.

⟶ 평가표 : (1)

정답 틀림	0점
정답 맞음	5점

(2)

정답 틀림	0점
자료를 토대로 타당한 이유 제시	5점

출제자 예시 답안

⟶ 정답 : (1) 11, 13, 17, 31, 37, 71, 73, 79, 97

(2) 소수를 찾는 규칙은 아직 밝혀진 바가 없다. 합성수와 같이 약수의 갯수가 세 개 이상인 수들은 수들을 곱해서 찾다보면 큰 수여도 찾기가 비교적 쉽지만 소수로 만든 암호는 수들을 곱해서 찾는 방법이 불가능하다. 이러한 이유때문에 소수로 만든 암호는 합성수로 만든 암호에 비해 해킹 등의 위험이 적다.

문항 분석 및 평가표

⟶ 문항 분석 : 정폭도형은 그에 접하는 두 평행선 을 그었을 때 그 평행선 사이의 거리가 항상 일정한 도형이다. 이러한 특징때문에 원이 아닌 뢸로삼각형으로 자전거 바퀴를 만들어도 위아래로 들썩이지 않는 자전거가 된다.

⟶ 평가표 : (1)

정답 틀림	0점
타당한 예 1 개 제시	3점
타당한 예 2 개 이상 제시	5점

(2)

정답 틀림	0점
정답 맞음	5점

출제자 예시 답안

⟶ 정답 : (1) 1. 동전 자판기는 각 동전의 폭에 맞는 통로를 동전이 통과함으로써 동전이 얼마 짜리인지를 파악한다. 동전을 원이 아닌 뢸로 다각형으로 만들어도 동전자판기를이용하는데는 전혀 문제가 없다. 영국의 50 펜스 동전은 뢸로 칠각형이다.

2. 자전거의 바퀴는 원 모양이다. 자전거의 바퀴를 뢸로 다각형으로 바꿔도 정상적으로 자전거를 탈 수 있다.

3. 뢸로 삼각형 모양의 삼각 볼펜은 원 모양 볼펜에 비해 잘 굴러가지 않고 정폭도형이기 때문에 펜을 잡는 것도 불편하지 않다.

(2) 뢸로 다각형은 정폭도형이다. 접하는 두 평행선을 어떻게 그어도 그 평행선 사이의 거리가 항상 일정한 도형이기 때문에, 그림에서 뢸로 삼각형, 뢸로 오각형, 원이 회전하더라도 위에 있는 판은 흔들리지 않는다. 따라서 물이 담긴 컵은 넘어지지 않고, 그대로 상태를 유지하게 된다.

문 05 P. 112

문항 분석 및 평가표

⟶ 문항 분석 : 프랙탈 구조가 가지는 '자기유사성' 과 '순환성' 이라는 특징 때문에 이 프랙탈 구조는 여러 학문에서 쓰일 뿐만 아니라 우리의 실생활에서 많이 이용된다.

⟶ 평가표 : (1)

정답 틀림	0점
타당한 예 1 개 제시	2점
타당한 예 2 개 이상 제시	4점

(2)

정답 틀림	0점
자료를 토대로 타당한 정답 제시	6점

출제자 예시 답안

⟶ 정답 : (1) 번개의 모양, 산맥의 모양, 눈 결정의 모양, 강 줄기의 모양, 혈관의 구조

(2) '프랙탈 우주론' 에서는 우주와 우리의 뇌를 같다고 주장한다. 우주 단위에서 은하의 생성과 소멸은 굉장히 작은 부분을 차지하는 것이므로, 우리 몸 속에서의 반응 중 세포의 생성과 소멸과 같다고 볼 수 있다.

문 06 P. 114

문항 분석 및 평가표

⟶ 문항 분석 : 택배량 증가와 드론에 관련된 부분은 현재 우리 사회에서 많은 관심을 받는 분야 중 하나이다. 나아가서 드론을 활용한 택배시스템이 상용화 될 경우 생기는 문제에 대해서도 생각해보자.

⟶ 평가표 : (1)

정답 틀림	0점
제시한 답이 타당함	5점

(2)

정답 틀림	0점
타당한 이유 3 개 이상 제시	5점

출제자 예시 답안

⟶ 정답 : (1) 1 인 가구는 부부와 미혼의 자녀만으로 구성된 핵가족에 비해 별도의 큰 장을 보는 일이 적다. 많은 양을 살 경우 대형마트를 가는 것이 저렴하고 차이가 크지만 1 인 양을 살 경우 그 차이가 미미하기 때문에 오히려 온라인상에서 배송주문을 하는 일이 더 많다. 또한 3 인 가정이 1 인 가구 3 개로 나눠지면 단순 계산을 해보면 택배 건수는 3 배가 된다. 위와 같은 이유로 1인 가구의 증가는 택배 물량 증가에 영향을 미치게 된다.

(2) GPS 시스템 오류 : 현재 우리나라의 GPS 시스템은 굉장히 잘되어 있는 편임에도 불구하고 자동차 네비게이션에서도 간혹 오류가 발생하기도 한다.

충전 시스템 오류 : 대부분의 드론은 전기 충전을 해야 사용이 가능하다. 오류가 생길 경우 공중을 날던 드론이 떨어져 여러 피해를 입힐 수 있다.

개인 사생활 침해 : 드론에는 카메라 시스템이 들어가 있다. 이러한 드론이 택배 시스템으로 상용화되게 되면 개인 사생활을 침범할 수 있는 우려가 있다.

항공 노선의 오류 : 작년 한해 우리나라 택배 건수는 23 억 4300만 건이다. 드론 택배 시스템이 상용화되면 수 만대의 드론이 이용되게 될텐데, 서로가 충돌하지 않고 정상적으로 배송이 이뤄질지에 대한 우려가 있다.

날씨의 영향 : 드론의 경우 갑작스런 강풍, 폭우 등에 대한 대처가 미비할 수 밖에 없다. 이러한 부분에 대해 대비책이 나오지 않는다면 상용화는 힘들 것이다.

문항 분석 및 평가표

⟶ 문항 분석 : 이집트의 피라미드는 세계 7 대 불가사의로 손꼽힐 만큼 정교한 고대 건축물 중 하나이다. 그 안에 숨어 있는 수학적, 과학적 요소들을 생각해보도록 한다.

⟶ 평가표 : (1)

정답 틀림	0점
정답 맞음	5점

(2)

정답 틀림	0점
제시한 답이 타당함	5점

출제자 예시 답안

⟶ 정답 : (1) 롯데월드 타워 : 2200 일, 총 500 만 명, 85 만 톤

→ 1 일에 약 2273 명이 약 386,364 kg 을 작업

→ 1 일에 1 명이 약 170 kg 을 작업

쿠푸왕의 대 피라미드 : 20 년(7300 일), 매일 10 만 명, 580 만

→ 1 일에 10 만 명이 약 794,521 kg 을 작업

→ 1 일에 1 명이 약 8 kg 을 작업

∴ 따라서 현대인 1 명의 일일 작업량은 고대 이집트인 1 명의 일일 작업량에 비해 약 21.25 배 더 높다.

(2) 오른쪽 그림과 같이 막대의 그림자를 통해 동, 서를 확인할 수 있다. 막대를 꽂아놓고 막대의 그림자 끝이 변해가는 과정을 일정 시간마다 체크하면 거의 완벽한 동서 선을 그리게 된다. 또다른 한 가지는 북극성의 위치와 태양의 움직임을 통해 동서남북을 판단했다라는 가설인데 이 경우는 위의 막대 그림자를 통한 방법보다 정교하지 못하다.

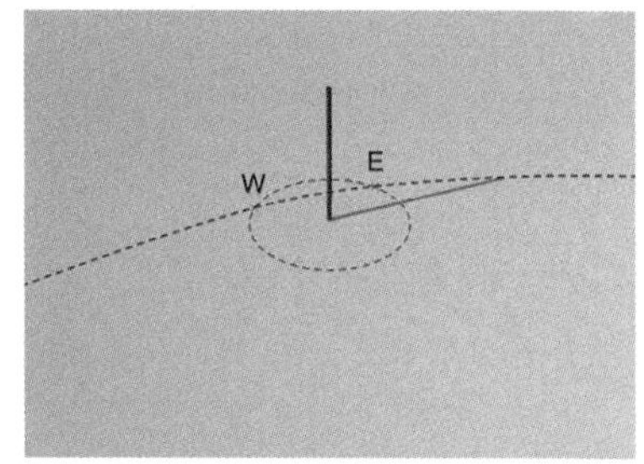

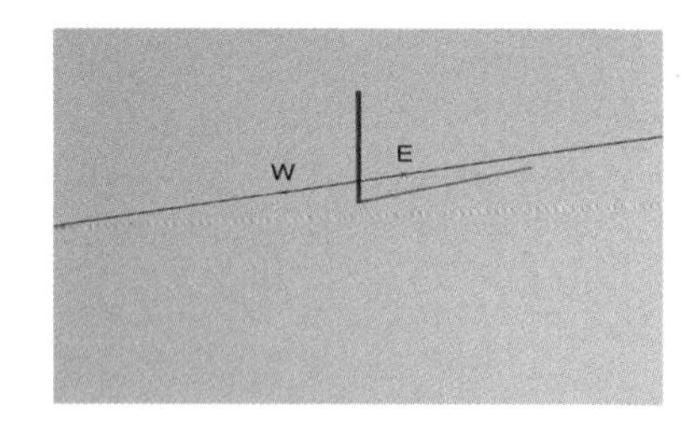

문 08
P. 118

문항 분석 및 평가표

⟶ 문항 분석 : 과거에 우리나라는 지진의 안전권이라 생각됐지만, 최근에는 지진 발생이 꾸준히 증가하는 추세이다. 지진에 대해서 알아보도록 하자.

⟶ 평가표 : (1)

정답 틀림	0점
제시한 답이 타당함	4점

(2)

정답 틀림	0점
지진의 세기만 정답 맞음	3점
지진의 세기와 피해 모두 정답 맞음	6점

출제자 예시 답안

⟶ 정답 : (1) 지각판 지도에서 봤을 때 중국 쓰촨성의 위치는 유라시아판 내륙쪽에 위치해 있으며 나머지 세 국가는 두 개의 지각판이 맞닿는 부분에 위치해 있다. 따라서 일본, 인도네시아, 칠레에서 발생한 지진의 경우 지각판의 움직임이 원인일 가능성이 크지만, 중국 쓰촨성에서 발생한 지진의 경우 원인이 다른 것일 확률이 높다.

(2) 규모가 0.2 증가하면 지진의 세기는 2 배 증가하므로, 규모가 1.0 증가하면 지진의 세기는 32 배, 2.0 증가하면 1024 배가 된다. 쓰촨성에서 발생한 지진의 규모는 6.0 이고 칠레 발디비아 지진은 규모가 9.5 이므로 이 두 지진의 규모 차이는 3.5 이다. $3.5 = 0.2 \times 17 + 0.1$ 이므로 지진의 규모가 3.5 증가하면 지진의 세기는 $2^{17} \times 1.4$ 배 만큼 증가한다. 이를 계산해보면 약 183500.8 배 이다. 쓰촨성에서 발생한 지진으로 인한 피해를 보도한 기사를 생각해본다면 이 지진으로 인한 피해에는 건물, 도로의 붕괴는 물론이고 높은 높이의 해일을 일으킬 수 있는 파괴력이며 주변에 있는 화산을 폭발시킬 수도 있다. 실제로 이 지진으로 발생한 해일은 태평양을 건너 일본에까지 영향을 미치고 이 지진이 일어난지 38 시간만에 주변의 휴화산인 푸예우에산이 폭발했다고 한다.

문 09
P. 120

문항 분석 및 평가표

⟶ 문항 분석 : 착시 현상을 통한 불가능한 도형은 기하학적으로 굉장히 흥미로운 주제다. 문제의 펜로즈 삼각형 외에도 이러한 도형은 어떤 것들이 있을지 찾아보자.

⟶ 평가표 : (1)

정답 틀림	0점
정답 맞음	5점

(2)

정답 틀림	0점
제시한 답이 타당함	5점

출제자 예시 답안

⟶ 정답 : (1) 어떠한 종류의 삼각형이더라도 삼각형의 세 내각의 합은 180° 이다. 문제의 그림에 있는 펜로즈 삼각형은 각 내각이 모두 90° 이므로 세 내각의 합이 270° 가 된다. 따라서 실제로 만드는 것은 불가능하며 아래와 같은 도형을 만들면 보는 방향에 따라 펜로즈 삼각형처럼 보이게 할 수 있다.

(2) a. 세로 줄무늬 옷을 입으면 좀 더 날씬해보인다.

b. 선풍기 날개가 돌아가는 것을 보다보면 날개가 거꾸로 도는 것처럼 보인다.

c. 가운데 원의 크기는 같지만 주변에 있는 원의 크기 차이때문에 왼쪽의 원이 더 작게 보인다.

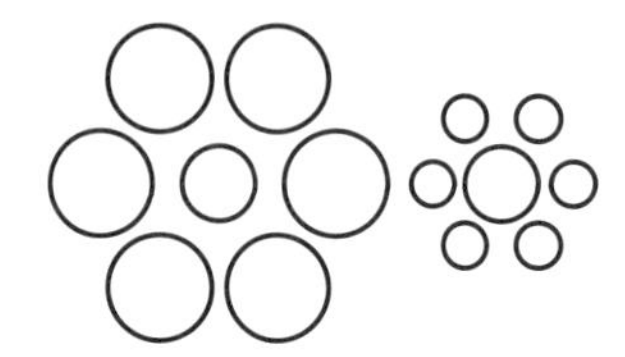

문 10
P. 122

문항 분석 및 평가표

→ 문항 분석 : 주판을 이용한 셈법인 주산은 연산 능력과 두뇌 회전의 향상에 큰 도움을 주는 방법이다. 기술의 발달은 편리함을 주었지만 두뇌회전에는 오히려 영향을 주지 못하는 경우도 많다.

→ 평가표 : (1)

정답 틀림	0점
정답 맞음	5점

(2)

정답 틀림	0점
제시한 답이 타당함	5점

출제자 예시 답안

→ 정답 : (1)

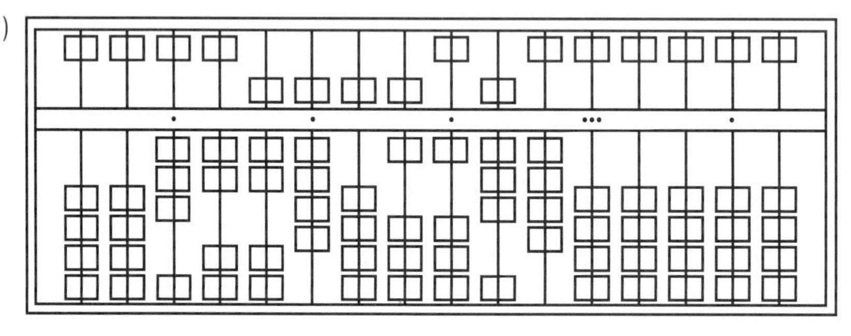

(2) a. 네비게이션을 이용하면 길찾기는 편하지만, 갔던 길을 한 번에 외우는건 쉽지 않다.

b. 스마트폰이 보급되기전에는 주변 지인들의 전화번호를 외우고 다니는 경우도 많았지만 현재에는 그렇지 못하다.

c. 어릴 때의 계산기 사용은 두뇌 발달에 도움을 주지 못한다.

문 11
P. 124

문항 분석 및 평가표

→ 문항 분석 : 우주는 아직 제대로 밝혀지지 않은 것들로 가득한 미지의 장소이다. 행성과 혜성같은 거대한 것들의 움직임에서도 규칙성을 찾아볼 수 있다는 점은 우주의 놀라운 점 중 하나이다.

→ 평가표 : (1)

정답 틀림	0점
정답 맞음	5점

(2)

정답 틀림	0점
찾은 위치와 이유가 타당함	5점

출제자 예시 답안

⟶ 정답 : (1) 1758 년에 관측되고 76 년마다 돌아오는 것으로 계산해보면 가장 최근에는 1986 년에 왔었으므로, 2062 년이 된다면 우리는 직접 핼리 혜성을 관측할 수 있다.

(2) 혜성이 태양과의 거리가 가까워질수록 태양의 중력에 영향을 더 크게 받아 속력은 가장 커지게 된다. 따라서 혜성 궤도에서 태양과의 거리가 가장 가까운 점에서 혜성의 속력은 최대가 된다. 따라서 태양의 뒷면을 지나갈 때가 가장 빠른 지점이다.

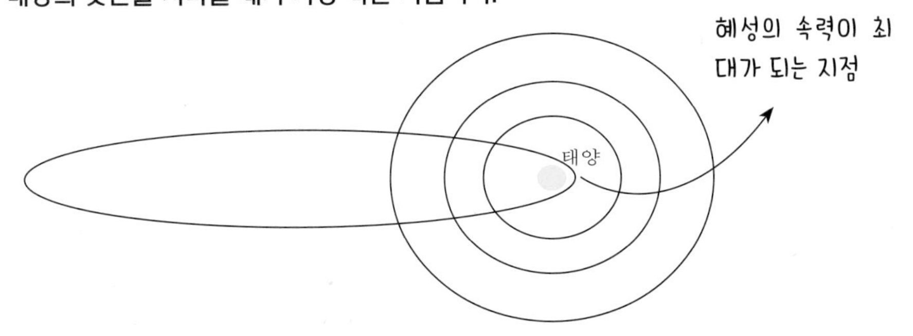

· 최고 속력에 도달한 혜성이 태양의 뒤를 돌아 튕겨져 나가는데 다시 돌아오는 이유는 혜성의 최고 속력이 태양의 중력권을 벗어나기 위한 속력에 미치지 못하기 때문이다. 참고로 태양의 중력권을 벗어나기 위해서는 618 km/s 이상의 속력이 필요하다.

문 12
P. 126

문항 분석 및 평가표

⟶ 문항 분석 : 우주는 아직 제대로 밝혀지지 않은 것들로 가득한 미지의 장소이다. 행성과 혜성같은 거대한 것들의 움직임에서도 규칙성을 찾아볼 수 있다는 점은 우주의 놀라운 점 중 하나이다.

⟶ 평가표 : (1)

정답 틀림	0점
정답 맞음	5점

(2)

정답 틀림	0점
정답 맞음	5점

출제자 예시 답안

⟶ 정답 : (1) 찌그러진 황색 완두콩 : 300 개, 둥근 녹색 완두콩 300 개, 찌그러진 녹색 완두콩 100 개

(2) (부, 모) = (AO 형, BO 형) 또는 (BO 형, AO 형)

⟶ 해설 : 지문처럼 자손 2 대까지 실험을 하면 자손 2 대에서 나올 수 있는 완두콩들의 입자 구성은 오른쪽 그림과 같다.

· 총 16 가지가 나올 수 있는데 그 중 둥근 황색 완두콩은 9 가지, 찌그러진 황색 완두콩은 3 가지, 둥근 녹색 완두콩은 3 가지, 찌그러진 녹색 완두콩은 1 가지이다. 따라서 둥근 황색 완두콩이 900 개라면 찌그러진 황색 완두콩은 300 개, 둥근 녹색 완두콩은 300 개, 찌그러진 녹색 완두콩은 100 개라고 할 수 있다.

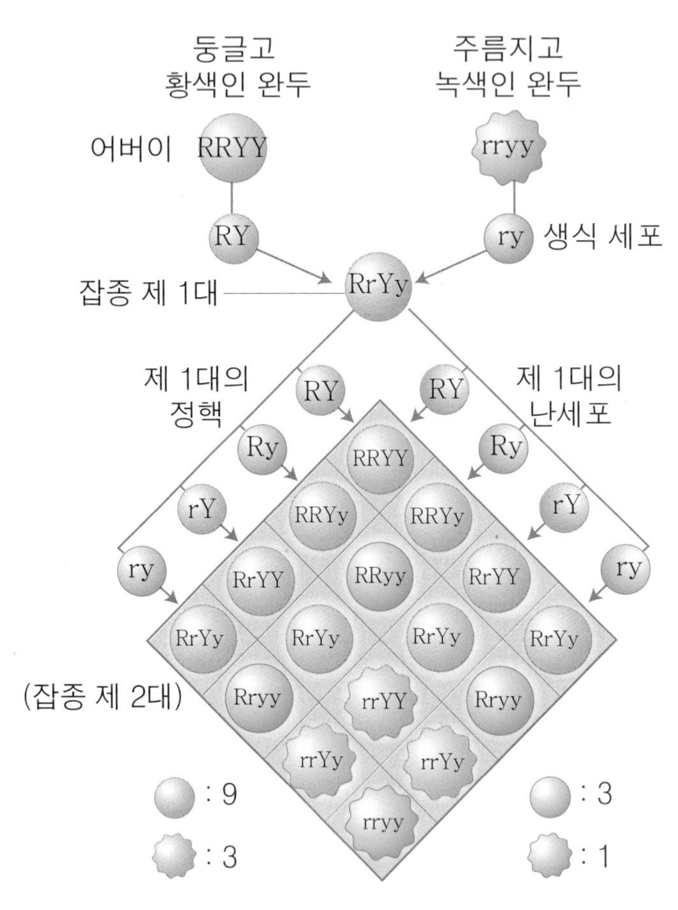

(2) A 형 유전자와 O 형 유전자를 모두 가지고 있는 사람의 혈액형은 A 형이다.
따라서 A 형 유전자가 O 형 유전자에 비해 우성 인자라고 할 수 있다.
이는 B 형 유전자에 대해서도 마찬가지이다.
한 부부의 자식의 혈액형이 AB 형도 나올 수 있고, O 형도 나올 수 있다면 이 부부는 각각 A 형 또는 B 형 유전자와 O 형 유전자를 모두 가지고 있어야 한다.
따라서 아버지의 혈액형이 AO 형인 A 형이라면 어머니의 혈액형은 BO 형인 B 형이 되야 하고 반대일 경우에도 마찬가지이다.

점수에 따른 성취도 등급

등급	1등급	2등급	3등급	4등급	5등급	총점
평가	96 점 이상	72 점 이상 ~ 95 점 이하	48 점 이상 ~ 71 점 이하	24 점 이상 ~ 47 점 이하	23 점 이하	120 점

6 심층 면접

· 총 8 문제입니다. 각 평가표에 있는 기준별로 배점을 했습니다. / 단원 말미에서 성취도 등급을 확인하세요.

문 13
P. 128

평가표

⟶ 평가표 :

답한 이유가 주어진 자료와 다름	0점
주어진 자료로 타당한 이유를 제시함	5점

풀이팁

⟶ 팁 : 차를 가질 수 있는 연령대의 인구 수를 먼저 생각해 보도록 한다.

출제자예시답안

⟶ 자동차를 몰 수 있는 나이는 20 살 이상부터이다. 자료 2 에서 연령별 인구 수를 보면 20 ~ 29, 30 ~ 39, 40 ~ 49, 50 ~ 59 연령대의 인구 수에 비해 10 ~ 19, 0 ~ 9 연령대의 인구 수가 확연히 적다는 것을 알 수 있다. 다만 1 인, 2 인 가구 수가 3 인, 4 인 가구 수에 비해 훨씬 많고 자동차 세금률도 낮춘 만큼 2018 년 이후 바로 증가율은 떨어질 것으로 생각되진 않는다.

문 14
P. 129

평가표

⟶ 평가표 :

정답 틀림	0점
정답 맞음	5점

풀이팁

⟶ 팁 : 일정한 수의 부부를 생각해서 실제로 계산해보면 1 : 1 이 된다는 걸 쉽게 알 수 있다.

출제자예시답안

⟶ (1) 100 쌍의 부부가 100 명의 아이를 가졌다고 생각해보자. 그러면 아들과 딸은 각각 50 명이다. (아들 : 딸 = 50 : 50)

(2) 아들을 낳은 50 쌍의 부부는 더 이상 아이를 갖지않고 딸을 낳은 50 쌍의 부부는 다시 아이를 갖는다. 그럼 또 다시 아들과 딸은 각각 25 명이 늘어난다. (아들 : 딸 = 75 : 75)

(3) 이와 같이 아들을 낳을 때까지 아이를 낳는다고 하면 아들과 딸의 비율은 계속해서 1 : 1 이 된다.

문 15
P. 130

평가표

⟶ 평가표 :

제시한 방법이 타당하지 못함	0점
제시한 방법이 타당함	5점

풀이팁

⟶ 팁 : 반대파가 절반 이상만 되지 않으면 된다는 점을 잘 생각하자.

출제자예시답안

⟶ 나도 최대한 많은 금을 챙기기 위해서는 전체 선원 중 51 % 의 선원을 포섭하여 나와 이 51 % 의 선원들만 균등하게 금을 나눠갖는다. 100 명의 선원이 있다면 51 명의 선원들과 나만 금을 분배하는 방식이다.

문 16
P. 130

평가표

⟶ 평가표 :

답한 이유가 타당하지 못함	0점
타당한 문장으로 답함	5점

풀이팁

⟶ 팁 : 주체적인 수학능력을 길러주기 위해선 창의적인 문제들, 흥미를 가질 수 있는 문제들을 접할 수 있는 기회가 많아야 한다.

출제자예시답안

⟶ 우리나라의 경우 학교에서 수학 교과목 교육이 개인의 흥미유발, 동기부여를 위해서 이루어 질 수 없는 입시 위주의 교육이기 때문에 흥미를 가지지 못하고 쉽게 포기를 생각하는 학생들이 많다. 또한 수학교과 특성상 전의 내용을 알지 못하면 따라가기가 쉽지 않다. 따라서 수학포기자들이 계속 해마다 누적되기 때문에 고학년이 될수록 수학포기자가 많아진다.

문 17
P. 130

평가표

⟶ 평가표 :

답한 문장이 타당하지 못함	0점
타당한 문장을 답함	5점

풀이팁

⟶ 팁 : 계기의 경우 본인이 추후에 하고 싶은 일, 직업 등을 예시로 들어서 얘기하며, 일반 학교에서 받기 힘든 방식의 교육 방식을 얘기하는 것이 좋다.

출제자예시답안

⟶ 학교에서의 일반적인 교과과정에서 다루지 않는 분야의 내용들에 관한 교육과 어떠한 주제를 정한 실험 또는 연구 방식의 수업을 받았으면 좋겠다.

평가표

⟶ 평가표 :

타당한 이유를 제시하지 못함	0점
타당한 이유를 제시함	5점

풀이팁

—> 팁 : 본인의 주장을 확실하게 말하고 그를 밑받침해줄 수 있는 예 또는 근거를 잘 찾아내야한다.

출제자 예시 답안

—> 페르미 추정법이 옳다 : 휴대폰 위치추적 등을 이용한 빅데이터 분석기법의 경우 개인정보 노출의 위험이 존재한다. 또한 복잡한 계산식이 필요하지도 않은 간단한 추정법이다.

빅데이터 분석기법이 옳다 : 해수욕장 방문객 수를 뻥튀기해서 더 비싼 값을 받으려는 업체들이 존재하기 때문에 이를 방지하기 위해선 정확한 방문객 수 추정법이 필요하다.

문 19

P. 131

평가표

—> 평가표 :

타당한 이유를 제시하지 못함	0점
타당한 이유를 제시함	5점

풀이팁

—> 팁 : 본인의 주장을 확실하게 말하고 그를 밑받침해줄 수 있는 내용을 잘 설명할 수 있어야 한다.

출제자 예시 답안

—> 찬성파 : '모르면 약이요 아는 게 병' 이란 속담도 존재하는 만큼 굳이 몰라도 될 사실에 대해서는 하얀 거짓말이 필요하다.

반대파 : 하나의 거짓말은 지내다보면 또 다른 거짓말을 반드시 불러온다. 언젠가는 사실을 알게 되기 때문에 하얀 거짓말은 그저 그 때에만 듣기 좋은 거짓말일 뿐이다.

문 20

P. 131

평가표

—> 평가표 :

타당한 방법을 제시하지 못함	0점
타당한 방법을 제시함	5점

풀이팁

—> 팁 : 자기주도성을 중요시보는 질문이므로 친구와의 관계를 개선시킬 주도적인 방법을 제시하는 것이 좋다.

출제자 예시 답안

—> 같은 영재교육원에 응시해서 합격까지 했다는 것은 좀 더 대화를 해보면 통하는 부분이 많다는 의미일 것이다. 대화를 통해서 서로의 앙금을 먼저 풀고 서로의 관심사를 찾아 관계를 이끌어 나갈 것이다.

점수에 따른 성취도 등급

등급	상	중	하	총점
평가	30 점 이상	15 점 이상 ~ 29 점 이하	14 점 이하	40 점

7 마무리하기

· 아래의 표를 채우고 스스로 평가해 봅시다.

정리하기

단원	언어	수리논리	도형	창의적 문제해결력	STEAM (융합 문제)
점수					
등급					

· 총 점수 :   / 630 점

· 평균 등급 :

전체 점수 성취도 등급

등급	1등급	2등급	3등급	4등급	5등급	총점
평가	481 점 이상	361 점 이상 ~ 480 점 이하	241 점 이상 ~ 360 점 이하	121 점 이상 ~ 240 점 이하	120 점 이하	630 점
	대단히 우수, 영재 교육 절대 필요함	영재성이 있고 우수, 전문가와 상담 요망	영재성 교육을 하면 잠재능력 발휘할 수 있음	영재성을 길러주면 발전될 가능성 있음	어떤 부분이 우수한지 정밀 검사 요망	

스스로 평가하기

· 자신이 자신있는 단원과 부족한 단원을 말해보고, 앞으로의 공부 계획을 세워봅시다.

무한상상

무한상상

무엇부터 할까?
친구들 안뇽!